高等院校信息技术规划教材

微型计算机原理与接口技术实验指导

陈燕俐 李爱群 周宁宁 编著

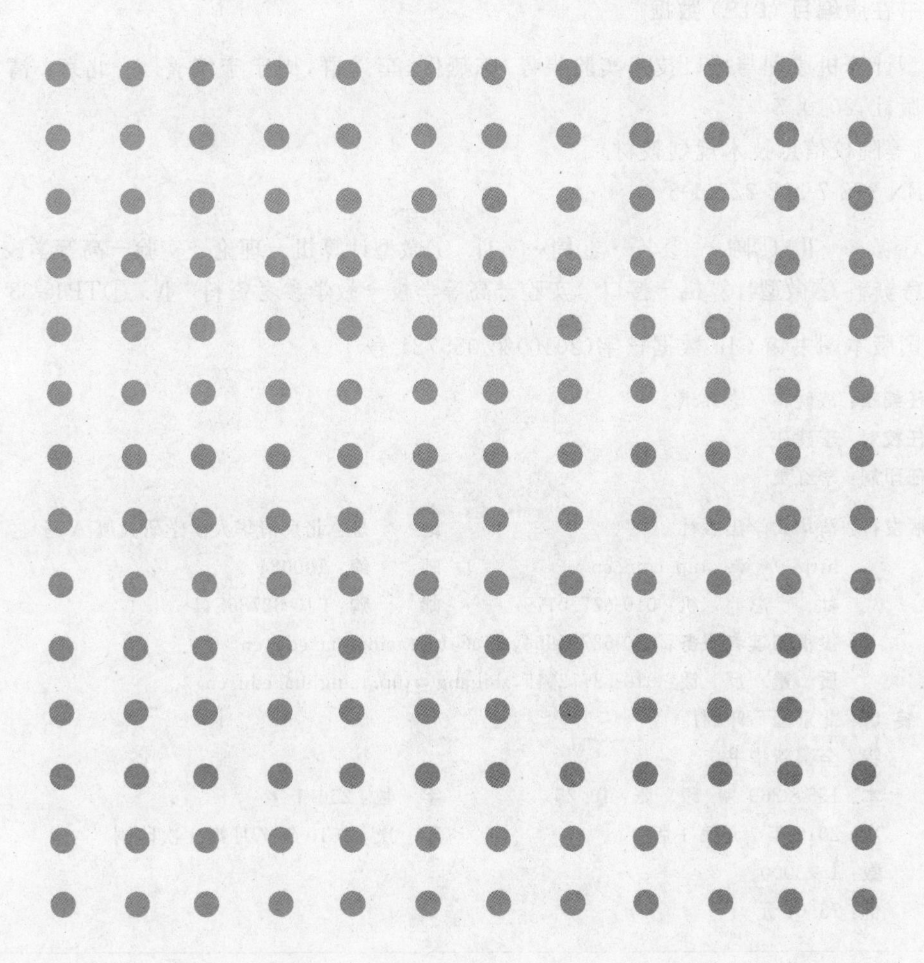

清华大学出版社
北京

内容简介

本书是《微型计算机原理与接口技术》(孙力娟等编著,清华大学出版社出版)一书的配套实验教材。教材结合课程内容,针对汇编语言程序设计、微型计算机接口技术编排了内容丰富的软硬件实验项目和指导性实验例题,主要内容有汇编语言程序设计实验、微型计算机教学实验系统及系统软件介绍、微型计算机接口实验。本书的硬件实验以南京邮电大学和福州德昌电子公司共同研发的"PD-32 开放式微型计算机教学实验系统"为实验平台。

本书内容丰富,大量的实验示例和实验项目扩展了教科书的内容,可作为高等院校汇编语言程序设计、微机原理与接口技术等课程的实验教材,也可供自学者及从事计算机应用的工程技术人员参考。

图书在版编目(CIP)数据

微型计算机原理与接口技术实验指导/陈燕俐,李爱群,周宁宁编著. —北京:清华大学出版社,2010.7
(高等院校信息技术规划教材)
ISBN 978-7-302-22311-5

Ⅰ. ①微…　Ⅱ. ①陈…　②李…　③周…　Ⅲ. ①微型计算机－理论－实验－高等学校－教学参考资料　②微型计算机－接口－实验－高等学校－教学参考资料　Ⅳ. ①TP36-33

中国版本图书馆 CIP 数据核字(2010)第 055721 号

责任编辑:战晓雷　李玮琪
责任校对:李建庄
责任印制:李红英

出版发行:清华大学出版社　　**地　址**:北京清华大学学研大厦 A 座
http://www.tup.com.cn　　**邮　编**:100084
社 总 机:010-62770175　　**邮　购**:010-62786544
投稿与读者服务:010-62795954,jsjjc@tup.tsinghua.edu.cn
质 量 反 馈:010-62772015,zhiliang@tup.tsinghua.edu.cn
印 装 者:北京国马印刷厂
经　销:全国新华书店
开　本:185×260　**印　张**:10.25　**字　数**:256 千字
版　次:2010 年 7 月第 1 版　**印　次**:2010 年 7 月第 1 次印刷
印　数:1～3000
定　价:15.00 元

产品编号:034930-01

前言 Foreword

"微型计算机原理与接口技术"是高等院校计算机专业及电类相关专业计算机硬件课程体系中的一门重要的专业基础课，是一门理论与实际结合十分紧密，实践性很强的课程。实验是微机接口教学过程中十分重要的环节，是全面提高学生素质的有效途径。

本书是与教材《微型计算机原理与接口技术》配套的实验教程，目的是使学生通过实验加深对理论课程的理解，培养学生的编程能力和实际动手能力。本书分为软件实验和硬件实验两部分，硬件实验以南京邮电大学和福州德昌电子公司共同研发的"PD-32开放式微型计算机教学实验系统"为实验平台。本书共分为6章，内容如下：

第1章为汇编语言程序实验基础，介绍了汇编语言源程序的格式和框架、汇编语言程序的开发过程，以及汇编语言语法练习实验，为学生学习下一步的软硬件实验打下基础。第2章和第3章是汇编语言程序设计实验示例和内容，实验内容丰富，涵盖了一般汇编语言程序设计和微机原理教学中所要求的所有软件实验。第4章介绍了Win32汇编程序的框架，Win32汇编语言程序开发过程，以及Win32窗口程序、字符串显示程序、消息处理程序实验。第5章对"PD-32开放式微型计算机教学实验系统"的结构和功能，上位机系统软件的使用进行了介绍。第6章为硬件接口实验，覆盖了目前高等院校微机接口实验教学大纲的主要内容，包括保护模式程序设计。综合性实验要求学生能熟练掌握各种常用接口芯片的结构和功能，能综合运用接口芯片达到实验要求。

本书按照实验说明、实验目的和要求、实验示例和实验项目来进行每一个实验的组织，每种实验的实验示例都给出了源程序清单和注释，这些程序都经过调试和运行；涉及硬件的还给出了具体的实验原理和硬件连线。本书提供了大量的实验题目，教师可以根据本校的教学特点和要求选择相应的实验内容。

全书由陈燕俐、李爱群和周宁宁编著，其中引言和第3、4、5章由陈燕俐编写，陈燕俐、李爱群合写了第1章，陈燕俐、周宁宁合写了第2章，陈燕俐、李爱群、周宁宁合写了第6章，由陈燕俐负责全书的统稿工作。本书的编写得到了南京邮电大学的孙力娟教授和洪龙教授的热情鼓励、悉心指导和积极帮助。另外南京邮电大学的张先俊老师、薛明老师、邓玉龙老师、祁正华老师、许建老师和李凌燕老师也提出了许多宝贵建议，使得本书更加完善，在此表示衷心的感谢。本书在编写过程中，还得到了福州德昌电子公司和清华大学出版社的大力支持，也参考了相关的书籍，在此一并致以诚挚的谢意。

由于编者的水平有限，书中难免有错漏之处，恳请读者批评指正。

编者

2010年5月

目录 Contents

第1章 chapter 1

汇编语言语法实验

1.1 汇编语言程序开发过程

汇编语言(Assembly Language)是唯一能够利用计算机所有硬件特性,并能直接控制硬件的编程语言。用汇编语言编写的程序称为汇编语言程序,汇编语言程序必须翻译成机器语言程序(即目标代码程序),才能在机器上运行。

1. 汇编语言源程序的格式

一个完整的汇编语言源程序在结构上必须做到:

① 用方式选择伪指令说明执行该程序的CPU类型;

② 用段定义语句定义每一个逻辑段;

③ 用ASSUME语句说明段约定;

④ 用汇编结束语句说明源程序结束。

实模式下汇编程序有两种编程格式:一种格式生成扩展名为EXE的可执行文件,称为EXE文件的编程格式;另一种格式可以生成扩展名为COM的可执行文件,称为COM文件的编程格式。

典型EXE编程格式如下:

```
.486                                    ;方式选择伪指令说明执行该程序的CPU类型
DATA SEGMENT USE16                      ;定义作为数据段的逻辑段,段名DATA
                                        ;定义变量
……
DATA  ENDS                              ;数据段结束
CODE  SEGMENT USE16                     ;定义作为代码段的逻辑段,段名CODE
      ASSUME CS:CODE,DS:DATA            ;段约定
BEG:  MOV  AX,DATA                      ;数据段的段基址赋给段寄存器
      MOV  DS,AX
……                                      ;程序代码
      MOV  AH,4CH                       ;程序结束,返回DOS
      INT  21H
```

```
CODE  ENDS                          ;代码段结束
      END  BEG                      ;源程序结束,程序的开始点为 BEG 指令
```

典型 COM 编程格式如下：

```
.486                                ;方式选择伪指令说明执行该程序的 CPU 类型
CODE   SEGMENT USE16                ;定义作为代码段的逻辑段,段名 CODE
       ASSUME CS:CODE               ;段约定
       ORG 100H                     ;偏移地址为 100H 的单元必须是程序的启动指令
BEG:   JMP  START                   ;跳过数据区
       ……                           ;定义程序使用的数据,也可设置在代码段的末尾
START:                              ;程序代码
       ……
       MOV  AH,4CH                  ;程序结束,返回 DOS
       INT  21H
CODE   ENDS                         ;代码段结束
       END  BEG                     ;源程序结束,程序的开始点为 BEG 指令
```

2. 汇编语言的开发过程

汇编语言程序设计的实验环境对计算机的配置要求比较低,普通的个人计算机一般都可以满足。常用的汇编语言开发工具有 Borland 公司的 MASM 和 Microsoft 公司的 TASM,另外集编辑、汇编链接、调试为一体的 16 位 TASM 集成环境——"未来汇编"使用也很方便。使用者可在硬盘某个分区上建立一个子目录,例如 C:\TASM,将某个开发工具的相关文件复制到此目录下,如 Borland Turbo Assembler 5.0 所对应的文件是：TASM.EXE、TLINK.EXE、RTM.EXE、DPMI16BI.OVL、TD.EXE 和 TDHELP.TDH。此外还可将某个编辑程序也复制到该目录下,如 EDIT.EXE,这样就在该子目录下构成了一个集编辑、汇编、链接和调试为一体的开发环境。

汇编语言程序的开发过程如图 1.1 所示。这个过程主要由编辑、汇编、链接和调试几个步骤构成。

(1) 源程序的编辑

编辑就是调用编辑程序编辑源程序,生成一个扩展名为 ASM 的文本源文件。DOS 提供的 EDIT.EXE 或其他屏幕编辑软件都能完成编辑任务。

(2) 源程序的汇编

为了使用汇编语言编写的程序能在机器上运行,必须利用汇编程序(Assembly Program,如 Microsoft 公司的 MASM 或 Borland 公司的 TASM)对源程序进行翻译,生成扩展名为 OBJ 的目标文件。

汇编语言源程序包含指令性语句(即符号指令)和指示性语句(即伪指令)两类语句。符号指令和机器指令具有一一对应的关系,伪指令是为汇编程序提供汇编信息,为链接程序提供链接信息,在汇编后并不产生目标代码。

在汇编过程中,汇编程序如检查到源程序中有语法错误,则不生成目标代码文件,并给出错误信息。根据用户需要,汇编程序还可生成列表文件(LST 文件)和交叉参考文件(XRF 文件)。

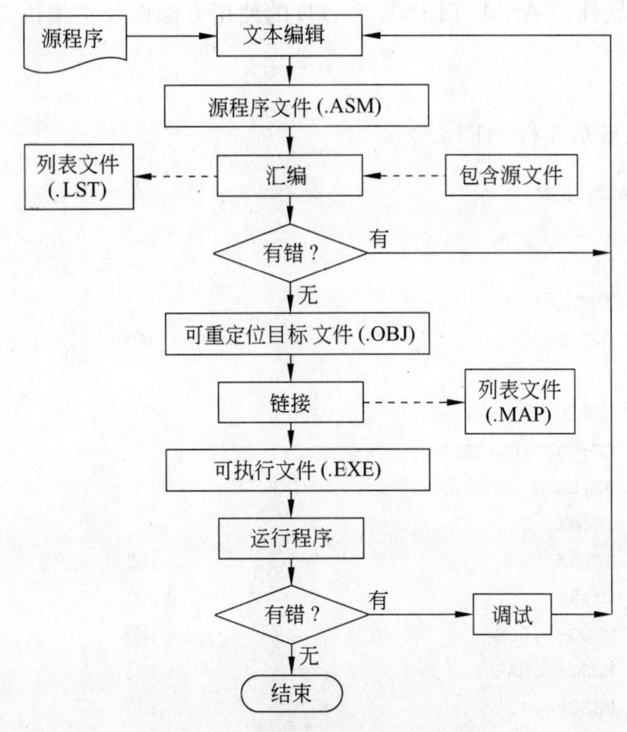

图 1.1 汇编语言程序的开发过程

(3) 目标程序的链接

链接就是利用链接程序(如 Microsoft 公司的 LINK 或 Borland 公司的 TLINK)将用户目标程序和库文件进行链接和定位,生成扩展名为 EXE 的可执行文件。链接时,如果在目标文件或库中找不到所需的链接信息,则链接程序会发出错误信息,而不生成可执行文件。根据用户需要,链接程序还可生成内存映射文件(MAP 文件)。

(4) 动态调试

有时用户生成的 EXE 文件运行后,并没有按照设计的意图运行,这就需要对程序进行调试。根据具体情况,调试的过程也不尽相同。一般地,可利用调试工具(各版本 DOS 所带的 DEBUG 或 Borland 公司的 Turbo Debugger)对生成的可执行文件进行调试,并找出错误。再对源程序进行修改……,即重复进行编辑、汇编、链接、调试,直到生成完全正确的可执行文件。

1.2 汇编语言程序编程练习

1. 实验说明

在 1.1 节的基础上掌握汇编语言程序设计过程。

2. 实验目的和要求

掌握汇编语言源程序的编辑、汇编、目标文件的链接和可执行文件的调试执行全过程;掌握文本编辑软件、TASM、TLINK 和 TD 的使用方法以及汇编语言的语法规则。

3. 实验示例

【例 1.2.1】 显示 5 行 HELLO。

```
;FILENAME: EXA121.ASM
.486
DATA   SEGMENT USE16
MESG   DB      'HELLO'
       DB      0,0,0                    ;①
DATA   ENDS
CODE   SEGMENT USE16
       ASSUME  CS:CODE,DS:DATA
BEG:   MOV     AX,DATA
       MOV     DS,AX
       MOV     ES,AX                    ;②
       MOV     CX,5
LL1:   MOV     MESG+5,0DH               ;③
       MOV     MESG+6,0AH               ;④
       MOV     MESG+7,'$'               ;⑤
       CALL    DISP
       MOV     MESG+5,0                 ;⑥
       MOV     MESG+6,0                 ;⑦
       MOV     MESG+7,0                 ;⑧
       LOOP    LL1
       MOV     AH,4CH
       INT     21H
DISP   PROC
       MOV     AH,9
       MOV     DX,OFFSET MESG
       INT     21H
       RET
DISP   ENDP
CODE   ENDS
       END     BEG
```

以上是该程序的源文件,执行后,在屏幕上显示 5 行 HELLO,语句①~⑧是为了演示 Turbo Debugger 而设置的。下面以此例来介绍汇编语言源程序的开发过程。

(1) 启动 DOS 命令窗口

如果机器安装的是 Windows 操作系统,则用户先用以下两种方法启动 DOS 命令窗口。

方法 1: 在 Windows“开始”菜单中单击“运行”命令,在弹出的“运行”对话框中输入“cmd”,单击“确定”按钮启动 DOS 命令窗口,如图 1.2 所示。

图 1.2 Windows 系统的"运行"对话框

方法 2：在 Windows"开始"菜单中单击"程序"|"附件"|"命令提示符"选项，也能够启动 DOS 命令窗口。

用户进入 DOS 命令窗口后，应键入"进入子目录"命令进入当前汇编目录(即开发工具的相关文件已复制到此目录下)，如：

```
>c:↙                    (↙表示按回车键)
>cd tasm↙
```

(2) 编辑

采用文本编辑软件编辑汇编语言源程序，注意保存时，文件的扩展名必须是.asm。尤其如果采用的是 Windows 环境下的如"记事本"等编辑工具，保存时的"保存类型"选项必须选择"所有文件"，如图 1.3 所示。

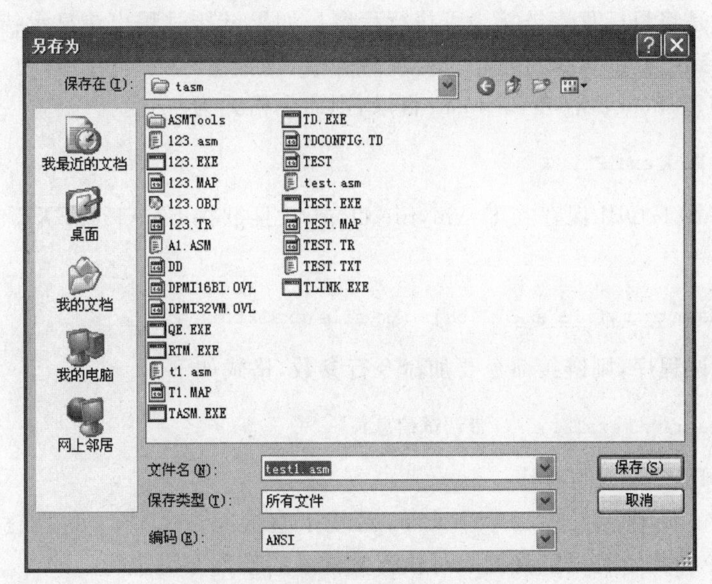

图 1.3 记事本的"另存为"对话框

源程序以及汇编、链接后的目标程序和可执行程序，可以存放在开发工具所在的目录中，如 C:\tasm，也可以集中存放在用户建立的一个文件夹中，例如 D:\myfile 中。这时，所有涉及这些文件的路径前缀就不能省略。

如果 EXA121.ASM 就保存在 C:\tasm 目录中，则命令格式为：

```
C:\tasm>edit exa121.asm↙
```

如果欲将 EXA121. ASM 保存在 D:\myfile 中,则命令格式为:

```
C:\tasm>edit d:\myfile\exa121.asm↙
```

(3) 汇编

汇编操作能够将源程序转换为目标程序,并显示错误信息。

如果 EXA121. ASM 保存在 C:\tasm 目录,则命令格式为:

```
C:\tasm>tasm exa121↙
```

如果 EXA121. ASM 保存在 D:\myfile 目录,并且欲将 EXA121. OBJ 也保存在此目录中,则命令格式为:

```
C:\tasm>tasm d:\myfile\exa121.asm d:\myfile\exa121.obj↙
```

如果要调试程序,则汇编命令要加命令行参数,格式如下:

```
C:\tasm>tasm/zi exa121↙  (带调试信息)
```

如果系统给出源程序中的错误信息(错误原因和错误行号),则需要采用编辑软件修改源程序中的错误,直到汇编正确为止。

(4) 链接

链接操作是将目标程序链接为可执行程序。如果链接过程出错显示错误信息,也要修正后才能得到正确的可执行程序。链接命令格式如下:

如果 exa121. asm 保存在 c:\tasm 目录,则命令格式为:

```
C:\tasm>tlink exa121↙
```

如果 EXA121. OBJ 保存在 D:\myfile 目录,并且欲将 EXA121. EXE 也保存在此目录,格式如下:

```
C:\tasm>tasm d:\myfile\exa121.obj d:\myfile\exa121.exe↙
```

如果要调试程序,则链接命令要加命令行参数,格式如下:

```
C:\tasm>tasm/v/3 exa121↙  (带调试信息)
```

(5) 运行 EXE 可执行程序

EXE 文件是可执行文件,在 Windows 环境下直接双击 EXE 文件图标就可执行,也可在 DOS 命令行提示符下直接键入可执行文件名后按回车键执行。如:

```
C:\tasm>exa121↙
```

(6) 调试程序

如果程序运行错误,则可启动调试软件 TD 对程序进行调试,并找出错误原因。

```
C:\tasm>td exa121↙                    (exa121.asm 保存在 C:\tasm 目录)
```

或

```
C:\tasm>td d:\myfile\exa121↙          (exa121.asm 保存在 D:\myfile 目录)
```

成功启动 TD 之后，TD 进入 MOUDLE 显示模式，屏幕上显示 EXA121.ASM 源程序，一个三角形符号指示出标号为 BEG 的那条指令是启动指令。TD 动态调试程序主要操作命令如下。

① 连续执行程序。按 F9 键(即单击 Run|Run 命令)，即可从 BEG 开始连续执行程序。

② 查看执行结果。按 Alt+F5 组合键(即单击 Window|User screen 命令)临时切换到 DOS 屏幕可查看程序的执行结果，即 5 行 HELLO。

③ 使光标重新指向启动指令。当程序运行结束(三角形光标消失)，按 Ctrl+F2 组合键(单击 Run|Program rest 命令)可以重新装入程序并使光标指向启动指令。

④ 程序的单步执行。单步操作一次仅执行一条指令，它有三种单步操作命令，它们的区别仅在于"跟踪"的情况不同。

按 F8 键(单击 Run|Step over 命令)单步操作。执行 CALL 和 INT n 指令的时候，"不跟踪"相关的子程序。"不跟踪"的含义是进入相关子程序后，自动地连续执行子程序指令直到返回，所以宏观上看不到跟踪的效果。

按 F7 键(单击 Run|Trace into 命令)单步操作，执行 CALL 指令能够跟进子程序，随即暂停，等待用户的下一步操作，但是遇到 INT n 指令时和按 F8 键一样，进入服务程序后立即自动地连续执行服务程序直到返回。

按 Alt+F7 组合键(单击 Run|Instruction trace 命令)单步操作，是真正意义上的单步操作，执行 CALL 和 INT n 指令进入相关子程序后，立即停止等待用户的下一步操作。

⑤ 断点的设置和取消。按↑、↓键，使光标指向欲设置断点的指令，再按 F2 键(单击 Breakpoints|Toggle 键)，则红色光条覆盖光标处的指令，表示断点设置成功，重复上述操作可以设置多个断点。将光标移到红色光条覆盖的指令，再次按 F2 键，红色光条消失，表明此处断点撤销。设置断点的目的是使程序执行到断点指令时暂停，以便检查执行结果。

⑥ 检查单步执行结果。指令执行后一定会使目标寄存器和状态标志发生变化，如何查看执行效果呢?

在 CPU 窗口调试时，因为界面中有寄存器和标志寄存器显示窗口，所以当前指令执行后，可以从相关的显示窗口中看到结果。

在 MODULE 窗口调试时，单击 View|Registers 命令可弹出寄存器和标志寄存器显示窗口，也可以查看执行结果。

⑦ 检查内存数据区的内容。以上题为例，说明这一操作的实现过程。

如果调试是在 MODULE 窗口进行，则首先单击 View|Dump 命令，弹出内存数据显示窗口，接着再按 Ctrl+S 组合键弹出一个对话框，用户键入"HELLO"这一字符串是例 1.2.1 用户数据段中设置的内容，TD 根据用户的提示立即找出并显示用户程序数据区。

做好以上准备工作之后，按 F8 键单步执行指令，就可看到用户数据段内容的变化。例 1.2.1 中的语句①～⑧就是为此项调试而设置的。

4. 实验项目

【实验 1.2.1】 汇编语言编程过程的练习。

请将例 1.2.1 的源程序通过一个编辑软件输入计算机并加以保存，命名为：EXA121.ASM。然后调用 TASM 和 TLINK 完成编译和链接，生成可执行文件 EXA121.EXE。试着在当前目录下运行程序 EXA121.EXE。最后用 TD 将 EXA121.EXE 调入 TD 的调试界面，掌握调试过程。

1.3 汇编语言语法实验

1. 实验说明

在 1.2 节的基础上进一步掌握汇编语言程序开发过程。

2. 实验目的和要求

进一步学习汇编语言源程序的编辑、汇编、目标文件的链接和可执行文件的执行全过程；掌握编辑软件、TASM、TLINK 和 TD 的使用方法；掌握汇编语言的语法规则。

3. 实验项目

【实验 1.3.1】 排除语法错误。

下面给出的是一个通过比较法完成 8 位二进制数转换成十进制数送屏幕显示功能的汇编语言源程序，但有很多语法错误。要求实验者按照原样对源程序进行编辑，汇编后，根据 TASM 给出的错误信息对源程序进行修改，直到没有语法错误为止。然后进行链接，并执行相应的可执行文件。正确的执行结果是在屏幕上显示：25＋9＝34。

【程序清单】

```
;FILENAME: EXA131.ASM
.486
DATA    SEGMENT  USE16
SUM     DB       ?,?,
MESG    DB       '25+ 9= '
        DB       0,0
N1      DB       9,F0H
N2      DW       25
DATA    ENDS
CODE    SEGMENT  USE16
        ASSUME   CS: CODE,DS: DATA
BEG:    MOV      AX,DATA
```

```
        MOV    DS,AX
        MOV    BX,OFFSET SUM
        MOV    AH,N1
        MOV    AL,N2
        ADD    AH,AL
        MOV    [BX],AH
        CALL   CHANG
        MOV    AH,9
        MOV    DX,OFFSEG MEST
        INT    21H
        MOV    AH,4CH
        INT    21H
CHANG:  PROC
LAST:   CMP    [BX],10
        JC     NEXT
        SUB    [BX],10
        INC    [BX+7]
        JMP    LAST
NEXT:   ADD    [BX+8],SUM
        ADD    [BX+7],30H
        ADD    [BX+8],30H
        RET
CHANG:  ENDP
CODE    ENDS
        END    BEG
```

第2章 chapter 2

结构化程序设计实验

结构化程序设计是指具有结构性的编程方法。采用结构化程序设计方法编程，旨在提高所编程序的质量。自顶向下、逐步精化方法有利于在每一抽象级别上尽可能保证所编程序的正确性；按模块组装方法编程以及所编程序只含顺序、分支和循环三种程序，可使程序结构良好、易读、易理解和易维护，并易于保证及验证程序的正确性。任一流程图均可利用循环和嵌套等价地改写成只含顺序、分支和递归的程序，并且每种程序只有一个入口和一个出口。汇编语言程序设计的主要方法，包括顺序、分支、循环、子程序和宏指令的设计等。

2.1 顺序程序设计

1. 实验说明

顺序程序是一种最简单也是最基本的结构形式，是最简单的序列结构，程序上没有用到分支和循环，没有控制转移类指令，它的执行流程与指令的排列顺序完全一致，顺序程序设计是所有程序设计的基础。

2. 实验目的和要求

掌握顺序程序的编程方法。

3. 实验示例

【例 2.1.1】 采用顺序编程方法实现在屏幕上显示字符串“Enjoy programming in TASM”。

【程序流程图】

程序流程图如图 2.1 所示。

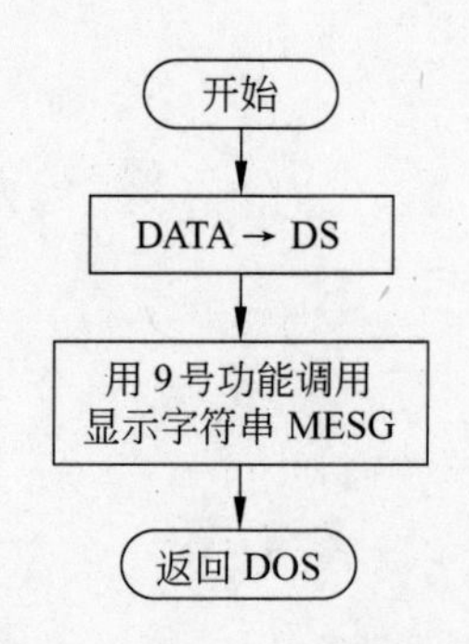

图 2.1 例 2.1.1 程序流程图

【程序清单】

```
;FILENAME: EXA211.ASM
.486
```

```
DATA   SEGMENT USE16
MESG   DB 'Enjoy programming in TASM$'
DATA   ENDS
CODE   SEGMENT USE16
       ASSUME CS:CODE,DS:DATA
BEG:   MOV  AX,DATA
       MOV  DS,AX
       MOV  AH,9                          ;显示字符串
       MOV  DX,OFFSET MESG
       INT  21H
       MOV  AH,4CH
       INT  21H
CODE   ENDS
       END  BEG
```

【例2.1.2】 内存字单元BUF1中的一个非压缩BCD码转换为压缩的BCD码,并将结果保存在字节单元BUF2中。

【程序流程图】

程序流程图如图2.2所示。

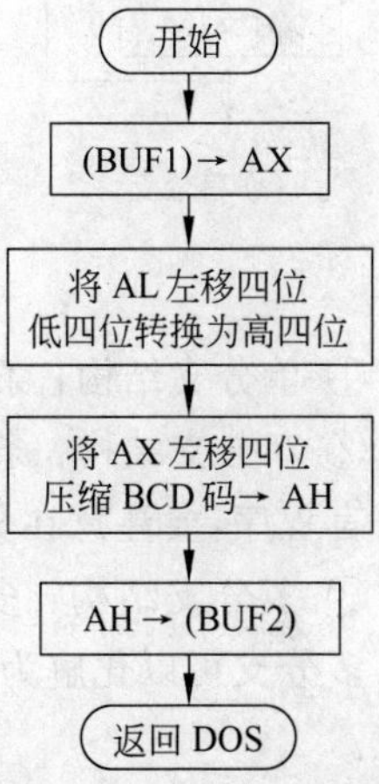

开始 → (BUF1)→ AX → 将AL左移四位 低四位转换为高四位 → 将AX左移四位 压缩BCD码→ AH → AH → (BUF2) → 返回DOS

图2.2 例2.1.2程序流程图

【程序清单】

```
;FILENAME: EXA212.ASM
.486
DATA   SEGMENT USE16
BUF1   DW 0506H
BUF2   DB?
DATA   ENDS
CODE   SEGMENT USE16
       ASSUME CS:CODE,DS:DATA
BEG:   MOV  AX,DATA
       MOV  DS,AX
       MOV  AX,BUF1                       ;AX=0506H
       SAL  AL,4                          ;AL=60H   AX=0560H
       SAL  AX,4                          ;AX=5600H
       MOV  BUF2,AH                       ;(BUF2)=56H
       MOV  AH,4CH
       INT  21H
CODE   ENDS
       END  BEG
```

4. 实验项目

【实验2.1.1】 采用顺序编程方法,实现在屏幕上显示大写字母“A”。

【实验2.1.2】 采用顺序编程方法,实现将数据段FIRST字单元和SECOND字单

元内容互换。

【实验 2.1.3】 采用顺序编程方法，实现 W＝X＋Y＋Z(其中 X＝5，Y＝6，Z＝18)。

2.2 分支程序设计

1. 实验说明

使用条件转移指令和无条件转移指令将形成分支结构程序。条件转移指令通常跟在算术比较指令 CMP 或者逻辑比较指令 TEST 之后。分支程序有三种结构，即单分支、双分支和多分支，如图 2.3 所示。

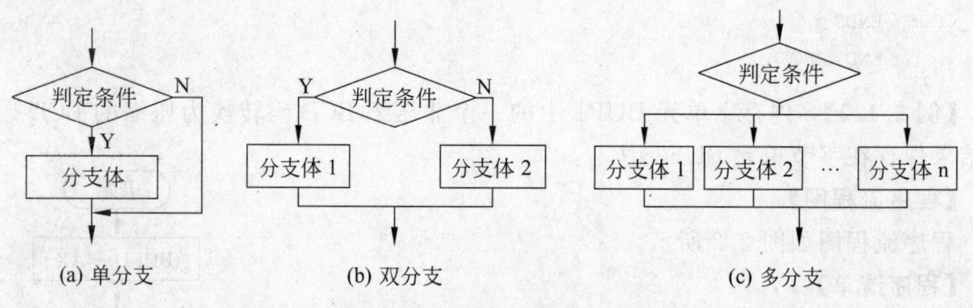

图 2.3 分支程序的结构形式

① 单分支结构：条件成立则顺序执行分支体，否则跳过分支体。

② 双分支结构：条件成立则执行分支体 1，否则执行分支体 2。对双分支结构的汇编语言程序，要注意在分支体 1 的语句后面加入无条件转移 JMP 指令以跳过分支体 2。

③ 多分支结构：多个条件对应各自的分支体，哪个条件成立就转入哪个分支体执行。多分支可以化解为双分支或单分支结构的组合，也可以用诸如地址转移表等方法来实现。

2. 实验目的和要求

掌握分支程序的编程方法；掌握汇编语言各种转移指令的功能和作用；掌握指令对标志寄存器标志位的影响情况。

3. 实验示例

【例 2.2.1】 采用单分支编程方法实现：判断数据段 BEN 单元中的单字节有符号数是否等于 3，若是则显示 YES。

【程序流程图】

程序流程图如图 2.4 所示。

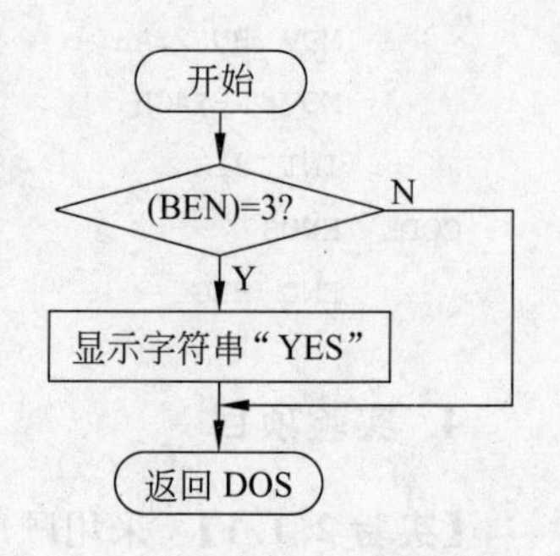

图 2.4 例 2.2.1 程序流程图

【程序清单】

```
;FILENAME: EXA221.ASM
.486
```

```
DATA   SEGMENT USE16
BEN    DB  ?                              ;有符号数 X
YES    DB 'YES $'
DATA   ENDS
CODE   SEGMENT USE16
       ASSUME DS:DATA,CS:CODE
BEG:   MOV  AX,DATA
       MOV  DS,AX
       CMP  BEN,3
       JNE  NO                            ;X ≠3 转
       MOV  AH,9
       LEA  DX,YES                        ;当 X=3 时,显示结果信息
       INT  21H
NO:    MOV  AH,4CH
       INT  21H
CODE   ENDS
       END  BEG
```

【例 2.2.2】 采用双分支编程方法实现：计算下面函数值

$$Y=\begin{cases}1, & X>0\\ 0, & X=0\\ -1, & X<0\end{cases}$$ 设 X 和 Y 均为 8 位有符号数。

【程序流程图】

程序流程图如图 2.5 所示。

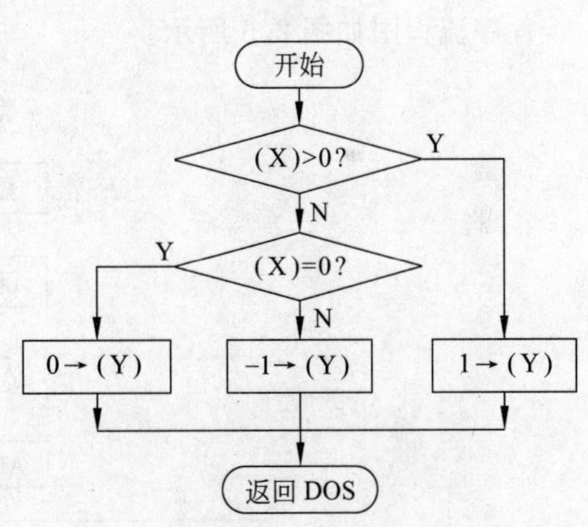

图 2.5 例 2.2.2 程序流程图

【程序清单】

```
;FILENAME: EXA222.ASM
.486
DATA    SEGMENT USE16
X       DB  -10                  ;有符号数 X
Y       DB  ?
DATA    ENDS
CODE    SEGMENT USE16
        ASSUME DS:DATA,CS:CODE
BEG:    MOV AX,DATA
        MOV DS,AX
        CMP X,0
        JG  CASE1                ;X>0 转 CASE1
        JE  CASE2                ;X=0 转 CASE2
        MOV Y,-1                 ;当 X<0 时,Y=-1
        JMP ALL
CASE1: MOV Y,1                   ;当 X>0 时,Y=1
        JMP ALL
CASE2: MOV Y,0                   ;当 X=0 时,Y=0
ALL:    MOV AH,4CH
```

```
        INT 21H
CODE    ENDS
        END BEG
```

【例 2.2.3】 多分支程序。

设计一个多分支段内转移程序，要求：

键入 0,转 P0 程序段;
键入 1,转 P1 程序段;
……
键入 9,转 P9 程序段。

【程序分析】

实现多分支程序有两种思路：

① 用比较指令配合直接转移指令实现。

```
CMP  键入字符 0  JE  P0
CMP  键入字符 1  JE  P1
……
```

② 用转移地址表配合间接转移指令实现。下例采用转移地址表实现多分支转移，这样可以提高平均转移速度。

【程序流程图】

程序流程图如图 2.6 所示。

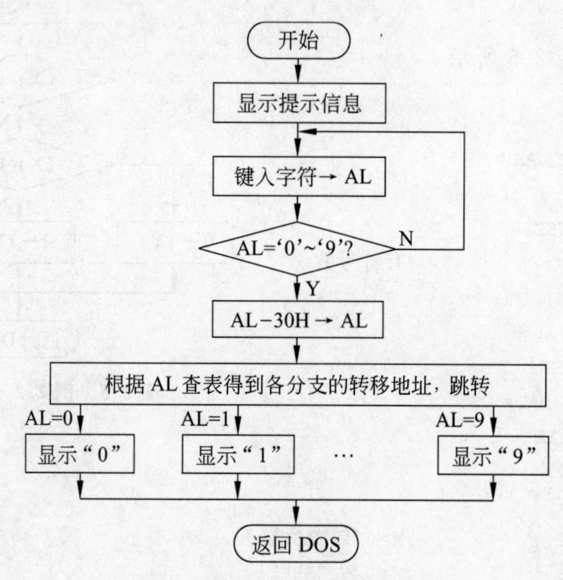

图 2.6　例 2.2.3 程序流程图

【程序清单】

```
;FILENAME: EXA223.ASM
.486
```

```
DATA  SEGMENT USE16
TAB   DW      P0,P1,P2,P3,P4,P5,P6,P7,P8,P9          ;汇编后自动装入相应的偏移地址
MESG  DB      0DH,0AH,'PLEASE STRIKE 0～9:$'
DATA  ENDS
CODE  SEGMENT USE16
      ASSUME CS:CODE,DS:DATA
BEG:  MOV     AX,DATA
      MOV     DS,AX
AGA:  LEA     DX,MESG
      MOV     AH,9
      INT     21H                                    ;显示提示信息
      MOV     AH,1
      INT     21H                                    ;从键盘键入字符
      CMP     AL,'0'                                 ;判断 AL 是否在"0"~"9"之间
      JC      AGA
      CMP     AL,'9'
      JA      AGA
      SUB     AL,30H                                 ;AL 在"0"~"9"之间,AL-30H→AL
      MOVZX   BX,AL
      ADD     BX,BX                                  ;2×BX→BX
      LEA     SI,TAB
      JMP     [BX+SI]                                ;DS:[BX+SI]→IP
P0:   MOV     DL,'0'
      JMP     DISP
P1:   MOV     DL,'1'
      JMP     DISP
P2:   MOV     DL,'2'
      JMP     DISP
P3:   MOV     DL,'3'
      JMP     DISP
P4:   MOV     DL,'4'
      JMP     DISP
P5:   MOV     DL,'5'
      JMP     DISP
P6:   MOV     DL,'6'
      JMP     DISP
P7:   MOV     DL,'7'
      JMP     DISP
P8:   MOV     DL,'8'
      JMP     DISP
P9:   MOV     DL,'9'
DISP: MOV     AH,2
      INT     21H
      MOV     AH,4CH
      INT     21H
CODE  ENDS
```

```
    END     BEG
```

4. 实验项目

【实验 2.2.1】 数据段 BEN 单元有一个单字节有符号数 X，判断 $-8 \leqslant X < 8$？若是则显示 YES，若不是则显示 NO。

【实验 2.2.2】 从键盘接收一位十进制数 X，计算 Y 值。

$$Y=\begin{cases} X, & X=3 \\ X^2, & X=4 \\ 2X, & X=6 \end{cases}$$

【实验 2.2.3】 数据段 DATA 单元开始存放两个有符号数，判断它们是否同号，若同时为正，显示"＋"；同时为负，显示"－"，否则显示"＊"。

2.3 循环程序设计

1. 实验说明

循环结构一般是根据某一条件判断为真或假来确定是否重复执行循环体，通常以循环次数为判断条件，使用寄存器或者内存单元作为循环计数器。循环程序的结构分为单循环、双循环和多重循环。

循环程序的结构如图 2.7 所示，循环程序通常由三部分组成。

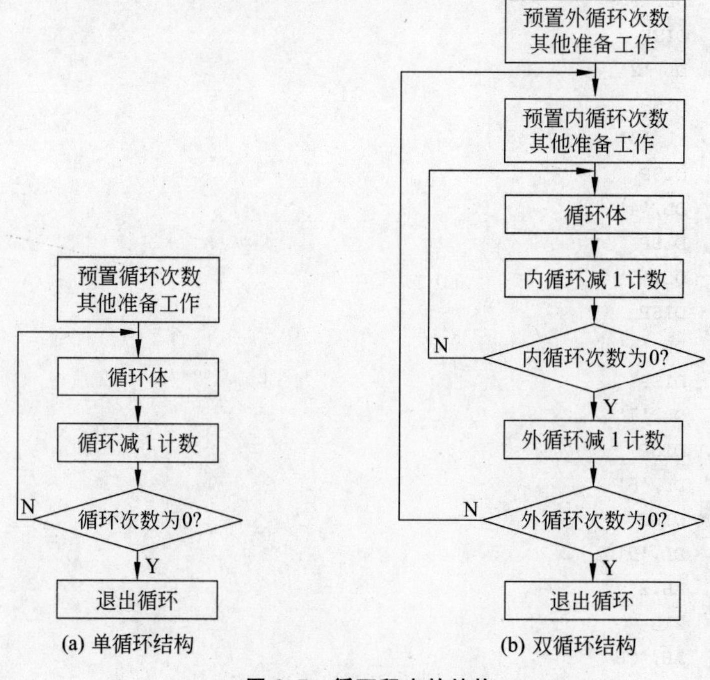

图 2.7 循环程序的结构

① 循环准备：为开始循环准备必要的条件，如循环次数，内存缓冲区的起始偏移地址，以及其他为循环体正常工作而建立的初始状态等。

② 循环体：重复执行的程序代码，这是循环工作的主体，它由循环的工作部分以及修改部分组成，如修改内存单元的偏移地址和循环次数等（注意：如果循环控制使用的是LOOP指令，程序员不需要再用指令修改循环次数，即寄存器CX的值）。

③ 循环控制：判断循环条件是否成立，决定是否继续循环。

2. 实验目的和要求

掌握循环程序的编写以及结束循环的方法。

3. 实验示例

(1) 单循环程序设计

【例2.3.1】 采用循环程序的设计方法计算1+2+3+…+199+200，并要求把计算结果送至SUM单元。

【程序流程图】

程序流程图如图2.8所示。

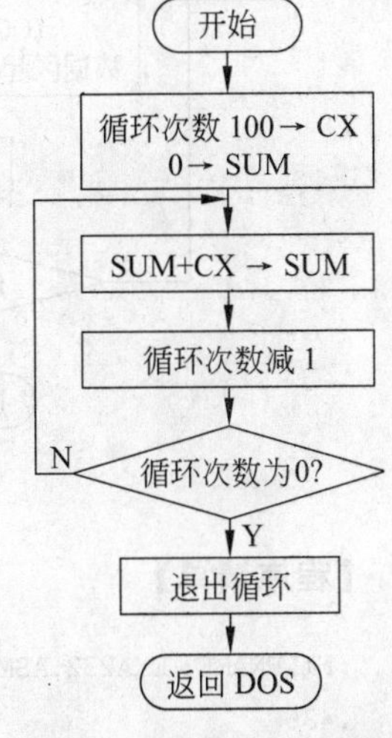

图2.8 例2.3.1流程图

【程序分析】

1+2+3+…+199+200的和超过了255，所以SUM应定义为字单元。

【程序清单】

```
;LENAME: EXA231.ASM
.486
DATA  SEGMENT USE16
SUM   DW  0
DATA  ENDS
CODE  SEGMENT USE16
      ASSUME CS:CODE,DS:DATA
BEG:  MOV  AX,DATA
      MOV  DS,AX
      MOV  CX,200
CIR:  ADD  SUM,CX                              ;SUM=200+199+198+…+1
      LOOP CIR
      MOV  AH,4CH
      INT  21H
CODE  ENDS
      END  BEG
```

(2) 双循环程序设计

【例2.3.2】 假设内存中从BUF单元开始有N个单字节无符号数，要求采用“冒泡法”把它们按其数值，从大到小重新排列。

【程序分析】

冒泡排序法从第一个数开始依次对相邻的两个数进行比较,如次序对,则不交换两数位置;如次序不对则交换这两个数的位置。可以看出,第一遍需比较(N－1)次,此时,最小的数已经放到了最后;第二遍比较只需考虑剩下的(N－1)个数,即只需比较(N－2)次;第三次只需比较 (N－3)次……整个排序过程最多需(N－1)遍。

【程序流程图】

程序流程图如图 2.9 所示。

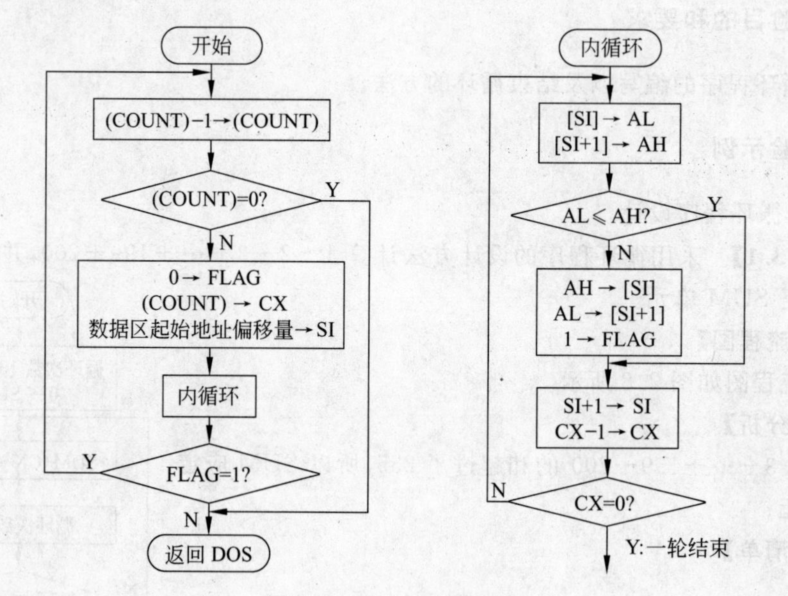

图 2.9　例 2.3.2 流程图

【程序清单】

```
;FILENAME: EXA232.ASM
.486
DATA    SEGMENT USE16
BUF     DB   'ASDFGUYTNBV7654PLKM'
LEN     EQU  $-BUF
COUNT   DW   LEN
FLAG    DB   0
DATA    ENDS
CODE    SEGMENT USE16
        ASSUME CS:CODE,DS:DATA
BEG:    MOV  AX,DATA
        MOV  DS,AX
AGAIN:  DEC  COUNT
        JZ   DONE                        ;排序结束转
        MOV  FLAG,0                      ;置交换标志为 0
        MOV  CX,COUNT                    ;每一轮的比较次数→CX
```

```
        MOV  SI,OFFSET BUF
LAST:   MOV  AL,[SI]
        MOV  AH,[SI+1]
        CMP  AH,AL
        JNC  NEXT
        MOV  [SI],AH                    ;数据交换
        MOV  [SI+1],AL                  ;数据交换
        MOV  FLAG,1                     ;置交换标志为 1
NEXT:   INC  SI
        LOOP LAST                       ;内循环结束
        CMP  FLAG,1                     ;若交换标志为 1
        JE   AGAIN                      ;进行下一轮比较
DONE:   MOV  BUF+LEN,'$'                ;显示排序结果
        MOV  AH,9
        MOV  DX,OFFSET BUF
        INT  21H
        MOV  AH,4CH
        INT  21H
CODE    ENDS
        END  BEG
```

(3) 多重循环程序设计

【例 2.3.3】 采用循环程序的设计方法,计算两个矩阵的点乘。

$$A=\begin{bmatrix}1 & 2\\ 3 & 1\\ 0 & 3\end{bmatrix},\quad B=\begin{bmatrix}2 & 0 & 1\\ 1 & 2 & 3\end{bmatrix}$$

编程计算 $\boldsymbol{C}=\boldsymbol{A}\cdot\boldsymbol{B}$ 的值,计算公式为 $C_{ij}=\sum_{k=1}^{N}A_{ik}\times B_{kj}$,其中 $\boldsymbol{N}$ 为 $\boldsymbol{A}$ 矩阵的列数。

【程序分析】

由于乘积矩阵 **C** 有 3 行 3 列,而计算每个元素 C_{ij} 都要做 2 次乘法和 1 次加法,因而使用三重循环。由于循环次数采用 CX 寄存器控制(内中外三层循环都用 CX 寄存器来作为循环计数器),可以采用堆栈来解决。在进入内层循环前将 CX 中的内容压入堆栈,而在该层循环结束后再将其弹出,继续控制外层循环的执行。

在该程序中数据段定义了两个变量 A 和 B 分别存放矩阵 **A** 和 **B** 的元素,乘积矩阵 **C** 不存储,而是计算一个显示一个。这里假设矩阵 **C** 中的元素均不超过 9,矩阵 **A** 的行数为 M,矩阵 **B** 的行数为 N。

【程序流程图】

程序流程图如图 2.10 所示。

【程序清单】

```
;FILENAME: EXA233.ASM
.486
```

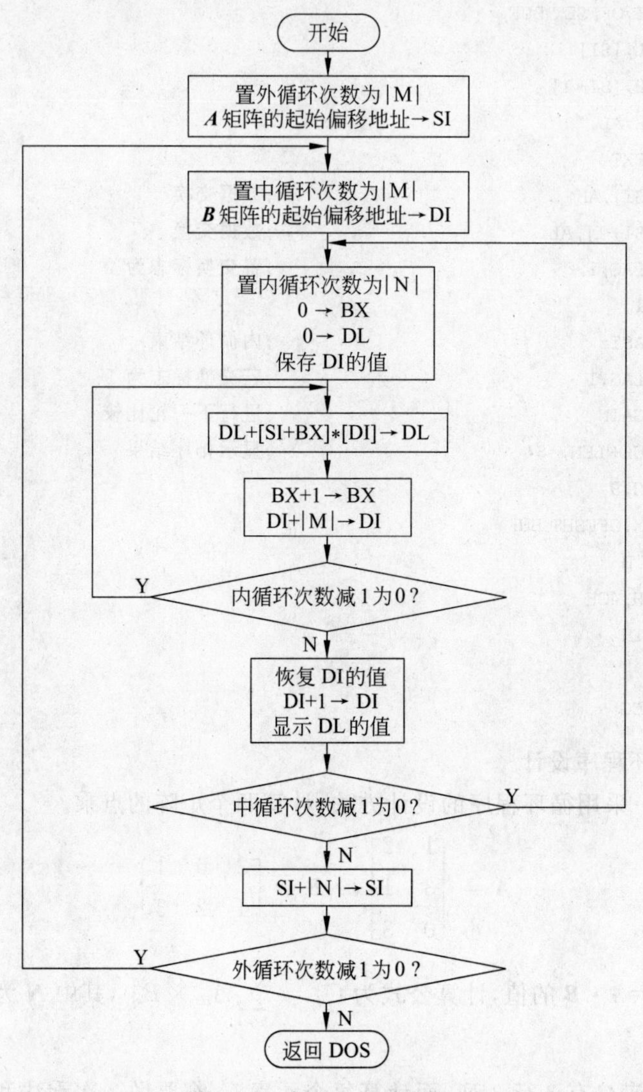

图 2.10　例 2.3.3 流程图

```
DATA  SEGMENT USE16
A     DB    1,2,3,1,0,3                ;矩阵 A 的元素
B     DB    2,0,1,1,2,3                ;矩阵 B 的元素
M     EQU   3                          ;A 矩阵的行数,B 矩阵的列数
N     EQU   2                          ;B 矩阵的行数,A 矩阵的列数
DATA  ENDS
CODE  SEGMENT USE16
      ASSUME CS:CODE,DS:DATA
BEG:  MOV   AX,DATA
      MOV   DS,AX
      MOV   SI,OFFSET A                ;SI 指向 A 矩阵的第一行
      MOV   CX,M                       ;预置外循环次数
```

```
DO1:  PUSH   CX                              ;DO1 为外循环
      MOV    DI,OFFSET B                     ;DI 指向 B 矩阵的第一列
      MOV    CX,M                            ;预置中循环次数
DO2:  PUSH   CX                              ;DO2 为中循环
      MOV    CX,N                            ;预置内循环次数
      MOV    BX,0                            ;BX 指向当前行的第一列
      MOV    DL,0                            ;DL 存放部分和
      PUSH   DI
DO3:  MOV    AL,[SI+BX]                      ;DO3 为内循环,计算对应元素乘积之和
      MUL    BYTE PTR [DI]
      ADD    DL,AL
      INC    BX                              ;修改指针 BX 的值
      ADD    DI,M                            ;修改指针 DI 的值
      LOOP   DO3
      POP    DI                              ;恢复指针 DI 的值
      POP    CX                              ;恢复指针 CX 的值,恢复中循环的次数
      ADD    DL,30H                          ;显示乘积矩阵中的 1 个元素(在 DL)
      MOV    AH,2
      INT    21H
      MOV    DL,''                           ;显示一个空格
      MOV    AH,2
      INT    21H
      INC    DI
      LOOP   DO2
      POP    CX                              ;恢复指针 CX 的值,恢复外循环的次数
      MOV    DL,0AH                          ;光标换行
      MOV    AH,2
      INT    21H
      MOV    DL,0DH
      INT    21H
      ADD    SI,N                            ;修改指针 SI 的值
      LOOP   DO1
XIT:  MOV    AH,4CH
      INT    21H
CODE  ENDS
      END    BEG
```

4. 实验项目

【实验 2.3.1】 编程实现可计算任意自然数 N 之阶乘的值(设 $N<100$)。

【实验 2.3.2】 内存中从 BUF 单元开始有若干单字节有符号数,编程实现将它们按其数值,从小到大重新排列。

【实验 2.3.3】 从 BUF 单元开始存有一字符串(长度<255),编程实现统计该串字符中的 ASCII 码在 42H~45H 之间的字符个数,并将统计结果以二进制形式显示在屏幕。

【实验 2.3.4】 从数据段 NUM 单元开始存有 9 个有符号数，编写一个程序实现：找出最小值存放到数据段 MIN 单元，并将负数的个数以十进制的形式显示在屏幕上。

【实验 2.3.5】 编写程序在屏幕上显示下述图形。

```
   *
  ***
 *****
*******
```

2.4 子程序设计

1. 实验说明

汇编语言子程序通常是一段功能相对独立的程序。当程序中需要多次完成同一功能的时候，为了简化整体程序和阅读方便，常常把完成某项操作的程序单独设计为一个子程序，需要时再调用它。

子程序定义格式如下：

```
子程序名  PROC  属性
          ……
          RET
子程序名  ENDP
```

其中类型有 NEAR 和 FAR 两种，当子程序和调用它的主程序同在一个代码段时，子程序的属性应该定义为 NEAR，属性 NEAR 可以缺省；当子程序和调用它的主程序不在一个代码段时，应该定义为 FAR。

子程序用 CALL 指令调用，最常用的调用格式：CALL 子程序名。子程序用 RET 指令返回。子程序可分为无参数子程序和有参数子程序两种，使用有参数的子程序更加灵活。

向子程序传送参数通常有三种方法：①利用寄存器传送参数。当要传送的参数较多时，这种方法不一定简单。②利用堆栈传送参数。③利用内存单元传送参数。

在一个子程序中，可以去调用另一个子程序，这种情况就称为子程序的嵌套。嵌套的层数称为嵌套深度。

2. 实验目的和要求

掌握子程序的定义、调用和编写；掌握向子程序传送参数的方法。

3. 实验示例

【例 2.4.1】 比较两个 16 位有符号数，如果相等则调用子程序显示“=”，如果不等则调用子程序显示“!”。

【程序流程图】

程序流程图如图 2.11 所示。

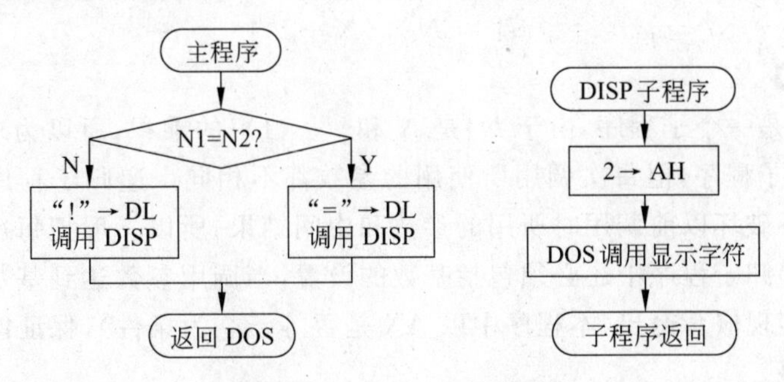

图 2.11　例 2.4.1 流程图

【程序清单】

```
;FILENAME: EXA241.ASM
.486
DATA   SEGMENT USE16
N1     DW 12
N2     DW 40
DATA   ENDS
CODE   SEGMENT USE16
       ASSUME CS:CODE,DS:DATA
BEG:   MOV  AX,DATA
       MOV  DS,AX
       MOV  AX,N1
       CMP  AX,N2                            ;返回
       JE   YY
       MOV  DL,'!'                           ;利用寄存器 DL 传递参数,字符"!"
       CALL DISP                             ;调用子程序显示字符"!"
       JMP  ALL
YY:    MOV  DL,'='                           ;利用寄存器 DL 传递参数,字符"!"
       CALL DISP                             ;调用子程序显示字符"="
ALL:   MOV  AH,4CH
       INT  21H
DISP   PROC                                  ;显示字符子程序
       MOV  AH,2
       INT  21H
       RET                                   ;子程序返回
DISP   ENDP
CODE   ENDS
       END  BEG
```

【例 2.4.2】 采用递归子程序的设计方法,完成阶乘函数的计算。

$$N! = N \times (N-1) \times (N-2) \times \cdots \times 1 \quad (N > 0)$$

其中递归定义如下：

$$0! = 1$$
$$N! = N \times (N-1)!$$

【程序分析】

求 N!本身是一个子程序，由于 N!是 N 和($N-1$)!的乘积，所以为求($N-1$)!必须递归调用 N!的子程序，但每次调用所使用的参数都不相同。递归子程序的设计必须保证每次调用都不破坏以前调用时所用的参数和中间结果，所以一般把每次调用的参数存放在堆栈中。递归子程序中还必须包括基数的设置，当调用参数达到基数时还必须有一条件转移指令实现嵌套退出(本程序中以 AX 是否等于 0 为条件)，保证能按反向次序退出并返回主程序。

【程序流程图】

程序流程图如图 2.12 所示。

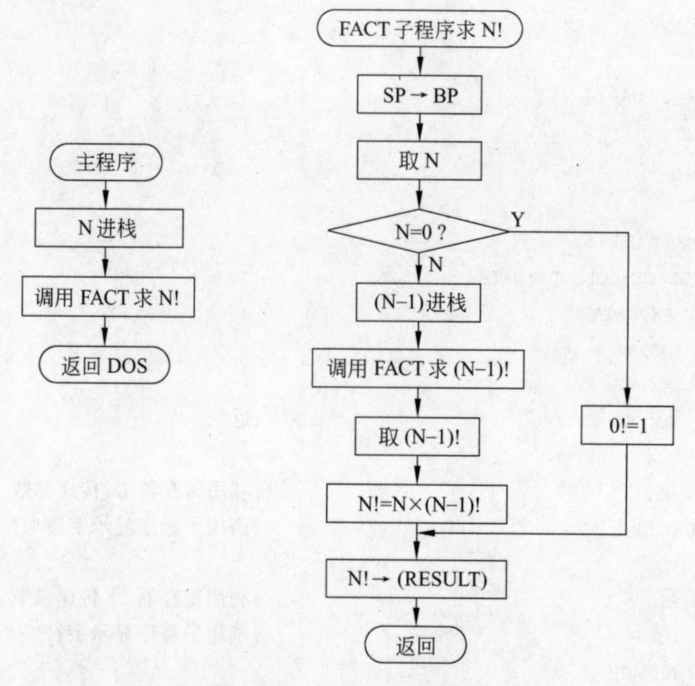

图 2.12　例 2.4.2 流程图

【程序清单】

```
;FILENAME: EXA242.ASM
.486
DATA    SEGMENT USE16
N       EQU  6
RESULT  DW  ?
DATA    ENDS
CODE    SEGMENT USE16
```

```
        ASSUME CS:CODE,DS:DATA
BEG:    MOV  AX,DATA
        MOV  DS,AX
        MOV  BX,N
        PUSH BX                                 ;传递参数进栈
        CALL FACT
        MOV  AH,4CH
        INT  21H
FACT    PROC NEAR
        MOV  BP,SP
        MOV  AX,[BP+2]                          ;取得传递参数
        CMP  AX,0
        JE   DONE
        MOV  BX,AX
        DEC  BX
        PUSH BX
        CALL FACT
        MOV  BP,SP
        MOV  AX,[BP+2]
        MOV  BX,AX
        MOV  AX,RESULT
        MUL  BX                                 ;N!=N× (N-1)!
        JMP  RETURN
DONE:   MOV  AX,1
RETURN: MOV  RESULT,AX                          ;N!→ (RESULT)
        RET  2
FACT    ENDP
CODE    ENDS
        END  BEG
```

4. 实验项目

【实验 2.4.1】 10 个学生的成绩存放在数据段 SCORE 开始的内存单元,利用子程序调用的方法,编程实现统计 60 分以下、60～69 分、70～79 分、80～89 分、90～99 分和 100 分的人数,分别存放到 S5、S6、S7、S8、S9 和 S10 单元中。

【实验 2.4.2】 编程实现求两个数的最大公约数。

【实验 2.4.3】 从 20 个二进制数找出与"0"和"1"个数相等的数的总个数,并将结果存入内存单元。其中,要求判断与"0"和"1"的个数是否相等的过程用子程序实现。

【实验 2.4.4】 采用递归子程序的设计方法,编程计算 Fibonacci 数列 0、1、1、2、…前 100 项之和。

Fibonacci 定义如下:

```
FIB(0)=0; FIB(1)=1; FIB(2)=1; …
```

```
FIB(n)=FIB(n-2)+FIB(n-1), n>2
```

2.5 宏指令设计

1. 实验说明

宏指令是程序员自己设计的指令，是若干指令的集合完成。宏指令的定义语句可以不放在任何逻辑段之中，通常都放在程序的首部。宏指令分为无参数宏指令与有参数宏指令两种。

无参数宏指令的定义语句格式如下：

```
宏指令名称  MACRO
            宏体
            ENDM
```

MACRO/ENDM 是宏体的定界语句，宏指令调用时只要在代码段中写上宏名即可，汇编时汇编程序用宏体替换宏指令。

有参数宏指令的定义语句格式如下：

```
宏指令名称  MACRO  哑元表
            宏体
            ENDM
```

上述格式中的哑元表是一串用逗号间隔的形式参数表。哑元、形式参数没有值的符号，用它(们)代表宏体中出现的操作码助记符、操作数(立即数、寄存器操作数、内存操作数)，调用有参数宏指令的时候，宏指令行要有实元表，实元和哑元必须一一对应。实元可以是立即数、寄存器操作数以及没有 PTR 运算符的内存操作数。

2. 实验目的和要求

掌握宏指令的定义和调用，宏指令的设计；掌握宏指令传送参数的方法。

3. 实验示例

【例 2.5.1】 比较两个 16 位有符号数，如果相等则调用宏显示“=”，如果不等则调用宏显示“!”。

【程序流程图】

程序流程图如图 2.13 所示。

【程序清单】

```
;FILENAME: EXA251.ASM
.486
DISP  MACRO  NN                              ;定义宏,NN为形参
```

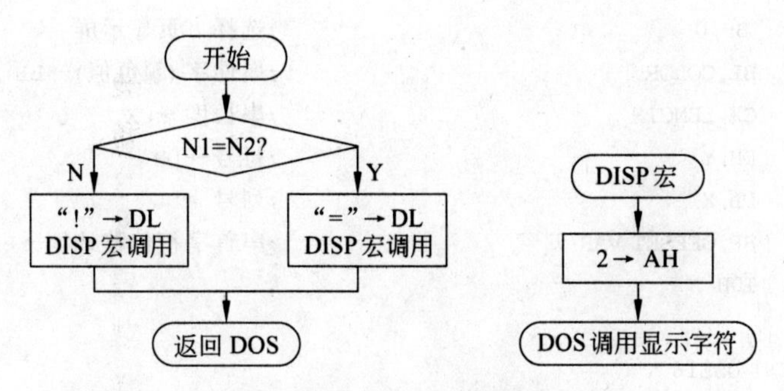

图 2.13 例 2.5.1 流程图

```
        MOV     DL,NN
        MOV     AH,2
        INT     21H
        ENDM
DATA    SEGMENT USE16
N1      DW 12
N2      DW 40
DATA    ENDS
CODE    SEGMENT USE16
        ASSUME CS:CODE,DS:DATA
BEG:    MOV     AX,DATA
        MOV     DS,AX
        MOV     AX,N1
        CMP     AX,N2
        JE      YY
        DISP    '!'                         ;调用宏显示字符"!"
        JMP     ALL
YY:     DISP    '='                         ;调用宏显示字符"="
ALL:    MOV     AH,4CH
        INT     21H
CODE    ENDS
        END     BEG
```

【例 2.5.2】 在屏幕中央显示彩色字符串。

【程序流程图】

程序流程图如图 2.14 所示。

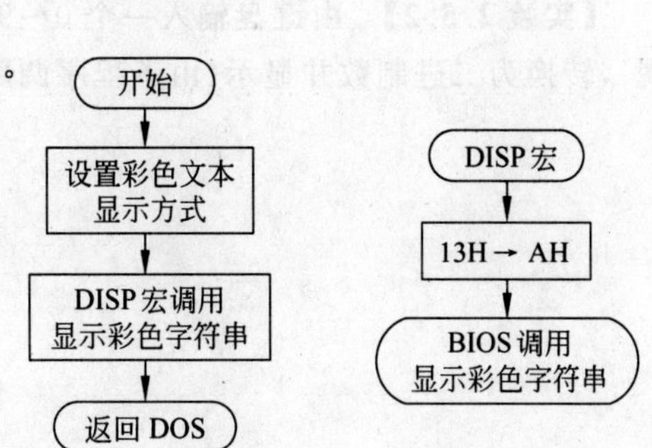

图 2.14 例 2.5.2 流程图

【程序清单】

```
; FILENAME:EXA252.ASM
.486
DISP    MACRO   Y,X,VAR,LENGTH,COLOR
        MOV     AH,13H
        MOV     AL,1
```

```
        MOV    BH,0                                 ;选择 0 页显示屏
        MOV    BL,COLOR                             ;属性字(颜色值)→BL
        MOV    CX,LENGTH                            ;串长度→CX
        MOV    DH,Y                                 ;行号→DH
        MOV    DL,X                                 ;列号→DL
        MOV    BP,OFFSET VAR                        ;串首字符偏移地址→BP
        INT    10H
        ENDM
EDATA   SEGMENT USE16
SS1     DB     '*********************'
LL1     EQU    $-SS1
SS2     DB     'WELCOME!'
LL2     EQU    $-SS2
SS3     DB     '*********************'
LL3     EQU    $-SS3
EDATA   ENDS
CODE    SEGMENT USE16
        ASSUME CS:CODE,ES:EDATA
BE:     MOV    AX,EDATA
        MOV    ES,AX                                ;对 ES 初始化
        MOV    AX,3                                 ;设置 80×25
        INT    10H                                  ;彩色文本方式
        DISP   11, (80-LL1)/2,SS1,LL1,2             ;11 行显示 SS1
        DISP   12, (80-LL2)/2,SS2,LL2,4             ;12 行 36 列显示 SS2
        DISP   13, (80-LL3)/2,SS3,LL3,2             ;13 行 66 列显示 SS3
        MOV    AH,4CH
        INT    21H
CODE    ENDS
        END    BEG
```

4. 实验项目

【实验 2.5.1】 利用宏指令,实现在屏幕上顺序显示彩色字符 A B C…Z。

【实验 2.5.2】 由键盘输入一个 0～9 之间的数,给出必要的提示信息(由宏指令实现),转换为二进制数并显示(由子程序调用实现)。

第3章 chapter 3

应用程序设计实验

3.1 数制及代码转换程序设计

1. 实验说明

(1) 数制转换

数制是数的表示方法。可以用各种进制来表示数,如二进制、十进制、八进制和十六进制等。由于使用电子器件表示两种状态比较容易实现,也便于存储和运算,所以,电子计算机中一般采用二进制数。但人们编程习惯于使用十进制,因此需要掌握各种进制的表示法及其相互关系和转换方法。

在数值转换中,1 位八进制数相当于 3 位二进制数;1 位十六进制数相当于 4 位二进制数。它们之间的转换十分方便。当十进制数转换为二进制数时,必须将整数部分和小数部分分开。整数常采用"除 2 取余法",而小数则采用"乘 2 取整法"。须注意的是十进制小数并不是都能用有限的二进制小数精确表示,此时要根据精度的要求来确定被转换的二进制位数。二进制数向十进制数的转换常采用权位值相加法,即根据按权展开式把每个数位上的代码和该数位的权值相乘,再求累加和即可得到等值的十进制数。

(2) 代码转换

BCD 码是用四位二进制数编码表示一位十进制数。它有多种表示方法,常用的是 8421 BCD 码。它分别取 0000B～1001B 这 10 种代码来表示 0～9 共 10 个十进制码,而丢弃了 1010B～1111B 这 6 个代码。用 BCD 码表示的数称为 BCD 数。BCD 数有两种基本的表示形式。

① 压缩 BCD 数:一个十进制数的每位数字按 4 个二进制位为一组,依次顺序存放,每个字节可以存放两个压缩 BCD 数。例如 618 的压缩 BCD 形式是:

	0110

0001	1000

② 非压缩 BCD 数:一个十进制数的每位数字按 4 个二进制位为一组,依次将每个数字存放在 8 个二进制位(一字节)的低四位,高四位为 0。

0000	0110

0000	0001

0000	1000

ASCII码是用7位二进制数对字母、数字和符号进行编码。它是目前微机系统中普遍采用的代码。标准ASCII码是7位二进制数,但由于计算机通常用8位二进制数代表一个字节,故标准ASCII码也写成8位二进制数,但最高位D7位恒为0。D6～D0代表字符的编码。

数制和代码转换是计算机应用中常碰到的问题。从输入设备(如键盘)输入一个数时,机器内部保存的是相应ASCII码。例如通过0AH号DOS功能调用,从键盘上接收十进制数1991。这时,存储单元中保存的是31H、39H、39H和31H。当数据处理结束输出结果时,也要进行相同的处理,因为显示器和打印机等输出设备同样也接收字符的ASCII码。例如通过9号功能调用显示十六进制数的运算结果8C3B,必须送4个ASCII码38H、43H、33H和42H给显示器。

2. 实验目的和要求

掌握各种数制之间转换程序的设计;掌握代码的输入、转换和显示程序的设计。

3. 实验示例

【例3.1.1】 从键盘输入任意4位十进制数,并将其转换为等值二进制数送屏幕显示。程序执行后,要求操作员键入4位十进制数,然后程序立即进行转换,显示出等值的二进制数。显示格式示范如下:

```
1111D=0000010001010111B
```

【程序分析】

① 根据设计要求,程序应先判别键入的数据是否在“0”～“9”之间,如果不在这个范围就是非法键入。

② DOS系统的7号和8号子功能对键入的字符没有回显功能,如果键入的字符是合法数据,再用字符输出的功能调用显示合法字符。

【程序流程图】

程序流程图如图3.1所示。

【程序清单】

```
;FILENAME: EXA311.ASM
.486
DISP  MACRO NNN
      MOV AH,0EH
      MOV AL,NNN
      INT 10H
      ENDM
DATA  SEGMENT USE16
MESG  DB 'Please Input 4 decimal numbers',0DH,0AH,'$'
DATA  ENDS
CODE  SEGMENT USE16
```

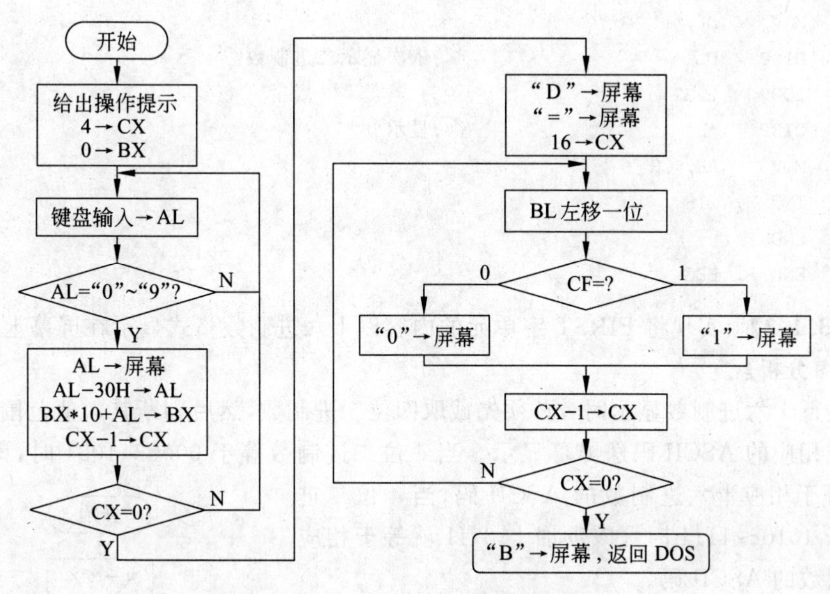

图3.1 例3.1.1程序流程图

```
      ASSUME  CS:CODE,DS:DATA
BEG:  MOV     AX,DATA
      MOV     DS,AX
      MOV     AH,9
      MOV     DX,OFFSET MESG
      INT     21H
      MOV     CX,4
      MOV     BX,0
AGA:  MOV     AH,0
      INT     16H
      CMP     AL,30H
      JC      AGA                       ;非法键入转
      CMP     AL,3AH
      JA      AGA                       ;非法键入转
      DISP    AL                        ;显示位代码
      SUB     AL,30H                    ;将 ASCII 码转换为二进制数
      IMUL    BX,10
      MOV     AH,0
      ADD     BX,AX                     ;生成二进制数
      LOOP    AGA
      DISP    'D'                       ;显示"D"
      DISP    '='                       ;显示"="
      MOV     CX,16
LAST: MOV     DL,'0'
      RCL     BX,1
      JNC     NEXT
```

```
        MOV     DL,'1'
NEXT:   DISP    DL                          ;依次显示二进制数
        LOOP    LAST
        DISP    'B'                         ;显示"B"
        MOV     AH,4CH
        INT     21H
CODE    ENDS
        END     BEG
```

【例 3.1.2】 实现将 FIRST 字单元的内容以十六进制数格式显示在屏幕上。

【程序分析】

在进行十六进制数显示时，必须先截取四位二进制数，然后判断其数值范围，再将该数转换成相应的 ASCII 码送屏幕显示。当 4 位二进制数等于 0000～1001 时，该数加上 30H 就等于相应十六进制数的 ASCII 码；当 4 位二进制数等于 1010～1111 时，该数加上 37H 就等于相应十六进制数的 ASCII 码。

【程序流程图】

程序流程图如图 3.2 所示。

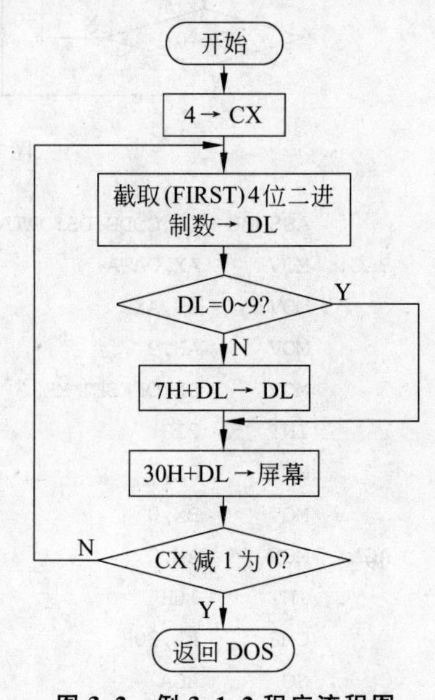

图 3.2 例 3.1.2 程序流程图

【程序清单】

```
;FILENAME: EXA312.ASM
.486
DATA   SEGMENT USE16
FIRST DW    5A6BH
DATA   ENDS
CODE   SEGMENT USE16
       ASSUME CS:CODE,DS:DATA
BEG:   MOV    AX,DATA
       MOV    DS,AX
       MOV    CX,4
LAST:  ROL    FIRST,4
       MOV    DX,FIRST
       AND    DL,0FH                         ;先截取 4 位二进制数
       CMP    DL,10                          ;4 位二进制数是否等于 0000~1001
       JC     NEXT                           ;是,转 NEXT
       ADD    DL,7                           ;4 位二进制数等于 1010~1111 时,该数先加 7
NEXT:  ADD    DL,30H                         ;两个分支的汇合点,该数再加上 30H
       MOV    AH,2                           ;显示
       INT    21H
       LOOP   LAST
       MOV    AH,4CH
       INT    21H
CODE   ENDS
```

```
    END    BEG
```

4. 实验项目

【实验3.1.1】 从键盘输入一个16位二进制数,然后转换成等值的十进制显示。

程序执行后,要求操作员键入16位二进制数,然后程序立即进行转换,显示出等值的十进制数。对于非法键入不受理,不回显,也不显示错误信息。

显示格式示范如下:

```
0000010011101011B=1259D
```

【实验3.1.2】 从键盘输入任意4位十进制数,然后转换成等值的十六进制显示。

程序执行后,要求操作员键入4位十进制数,然后程序立即进行转换,显示出等值的十六进制数。对于非法键入不受理,不回显,也不显示错误信息。

显示格式示范如下:

```
1000=03E8H
```

【实验3.1.3】 从键盘输入任意两位十六进制数,然后转换成等值的二进制显示。

程序执行后,要求操作员键入两位十六进制数,然后程序立即进行转换,显示出等值的二进制数。对于非法键入不受理,不回显,也不显示错误信息。

显示格式示范如下:

```
4BH=01001011B
```

【实验3.1.4】 将AX寄存器中的4位压缩BCD码转换为二进制数,并送屏幕显示。

【实验3.1.5】 假设DH寄存器中为一个8位的无符号二进制数(0~255)。

设计一个程序完成两项要求:

将其转换为压缩BCD码,保存在BCD字单元中。

将BCD字单元中的压缩BCD码以16进制的形式,显示在屏幕上。

显示格式示范如下(假设DH=11111111B):

```
DH=255H
```

3.2 数值计算程序设计

1. 实验说明

汇编语言中,可进行数值计算的仅有加、减、乘、除、移位等最基本的指令。运用这些基本指令哪怕是完成复杂一些的数值计算是比较困难的。因此首先要探讨计算方法,将某一问题分解成能够用加、减、乘、除完成的基本操作,然后才能着手编程。

2. 实验要求

掌握加、减、乘、除等基本运算指令;掌握多字节数据运算的实现方法;掌握数值计算的编程。

3. 实验示例

【例 3.2.1】 设 BUF 字单元中存放某 16 位二进制数，编写程序求其平方根和余数，将它们分别存放于 ANS 和 REMAIN 中。

【程序分析】

求平方根有多种方法，这里采用连续减奇数的方法。程序首先判断开平方的数是否是 0。若是 0，则平方根也为 0；若不是 0，则从 1 开始连续减递增奇数，直到不够减为止。减的次数即为平方根，剩的数则是余数。

【程序流程图】

程序流程图如图 3.3 所示。

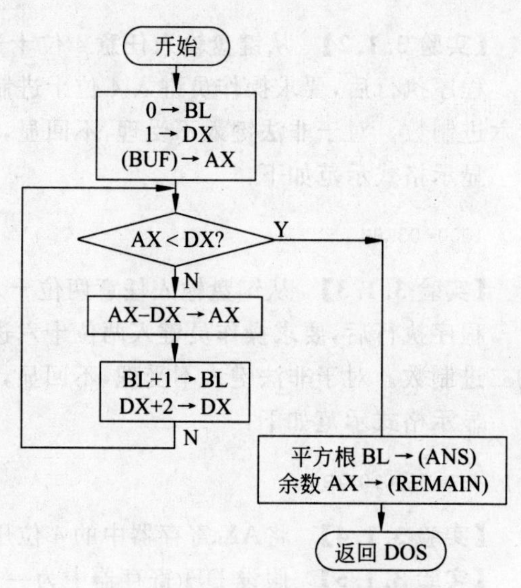

图 3.3 例 3.2.1 程序流程图

【程序清单】

```
;FILENAME: EXA321.ASM
.486
DATA    SEGMENT USE16
BUF     DW 7856H
ANS     DB 0
REMAIN  DW 0
DATA    ENDS
CODE    SEGMENT USE16
        ASSUME CS:CODE,DS:DATA
BEG:    MOV  AX,DATA
        MOV  DS,AX
        MOV  BL,0
        MOV  DX,1
        MOV  AX,BUF
GOON:   CMP  AX,DX
        JC   NEXT
        SUB  AX,DX
        INC  BL
        INC  DX
        INC  DX
        JMP  GOON
NEXT:   MOV  ANS,BL
        MOV  REMAIN,AX
        MOV  AH,4CH
        INT  21H
CODE    ENDS
        END  BEG
```

【例 3.2.2】 多字节乘法：设 X、Y 两个变量都是 64 位的无符号数，编写程序计算 X×Y 的值。

【程序分析】

由于A、B两个变量都是64位二进制数,相乘的结果将是一个128位范围内的二进制数。对32位机来讲,不能用一条算术运算指令直接得到结果。应将乘数和被乘数分为两个32位二进制数,分别按32位进行相乘。假设被乘数分成两个32位二进制数X_0和X_1,被乘数分成两个32位二进制数Y_0和Y_1,则

$$Y=Y_1Y_0=Y_1\times 2^{32}+Y_0$$

$$X=X_1X_0=X_1\times 2^{32}+X_0$$

$$X\times Y=(Y_1\times 2^{32}+Y_0)\times(X_1\times 2^{32}+X_0)$$

$$=Y_1\times X_1\times 2^{64}+Y_1\times X_0\times 2^{32}+Y_0\times X_1\times 2^{32}+Y_0\times X_0$$

从上式可见,64乘64位可转换为四次32位与32位的乘法,然后再进行移位相加就得到乘积。乘积为128位,需放在16个内存单元中。

【程序流程图】

程序流程图如图3.4所示。

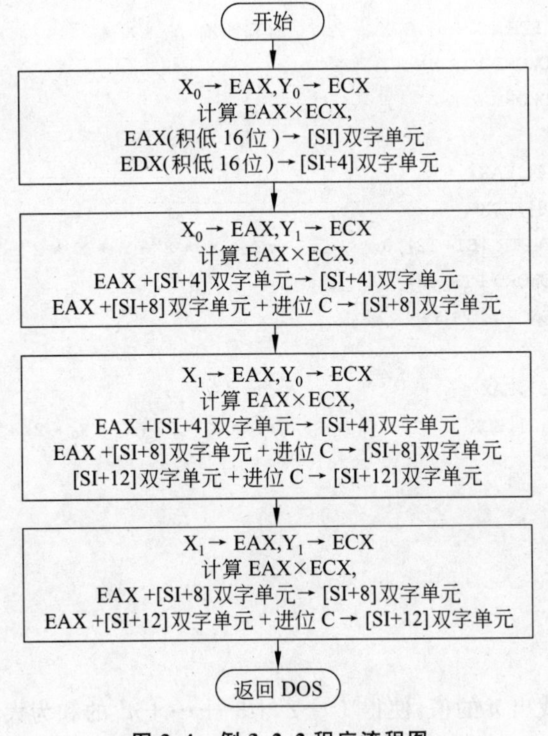

图3.4 例3.2.2程序流程图

【程序清单】

```
;FILENAME: EXA322.ASM
.486
DATA    SEGMENT USE16
X       DQ      1122334455667788H
Y       DQ      556677889900AABBH
```

```
Z       DD      4 DUP(?)
DATA  ENDS
CODE  SEGMENT  USE16
        ASSUME CS:CODE,DS:DATA
BEG:  MOV     AX,DATA
        MOV     DS,AX
        MOV     SI,OFFSET Z
        MOV     EAX,DWORD PTR X
        MOV     ECX,DWORD PTR Y
        MUL     ECX                        ;Y0 * X0
        MOV     [SI],EAX
        MOV     [SI+4],EDX
        MOV     EAX,DWORD PTR X
        MOV     ECX,DWORD PTR Y+4
        MUL     ECX
        ADD     [SI+4],EAX
        ADC     WORD PTR [SI+8],EDX        ;Y0 * X0+Y1 * X0 * 2^32
        MOV     EAX,DWORD PTR X+4
        MOV     ECX,DWORD PTR Y
        MUL     ECX
        ADD     [SI+4],EAX
        ADC     [SI+8],EDX
        ADC     DWORD PTR [SI+12],0        ;Y1 * X0 * 2^32+Y0 * X1 * 2^32+Y0 * X0
        MOV     EAX,DWORD PTR X+4
        MOV     ECX,DWORD PTR Y+4
        MUL     ECX
        ADD     [SI+8],EAX
        ADC     [SI+12],EDX                ;Y1 * X1 * 2^64+Y1 * X0 * 2^32+Y0 * X1 * 2^32+Y0 * X0
        MOV     AH,4CH
        INT     21H
CODE  ENDS
        END     BEG
```

4. 实验项目

【实验 3.2.1】 找出 n 的值,使得 $1^2+2^2+3^2+\cdots+n^2$ 的和为大于 1000 的最小值。

【实验 3.2.2】 设 A、B 两个变量都是 6 字节的无符号数,编写程序计算 A+B 的值。

【实验 3.2.3】 设被除数为 16 个字节的 A,而除数为 4 个字节的 B,编写程序计算 A÷B,商放在 RESULT 中,余数放在 EXTRA 中。

【实验 3.2.4】 假设内存缓冲区自 A 单元开始存放着 3 位非压缩 BCD 码数 345,自 B 单元开始存放着 3 位非压缩 BCD 码数 789,编写程序计算 345×789 的值。

【实验 3.2.5】 编写递归程序,计算 ackermann 函数 ACK(m,n)的值并以十进制的格式显示。

对于 $m \geqslant 0$ 和 $n \geqslant 0$ 的函数 $ACK(m,n)$ 由下式定义：

$$ACK(0,n)=n+1$$
$$ACK(m,0)=ACK(m-1,1)$$
$$ACK(m,n)=ACK(m-1,ACK(m,n-1))$$

如果 m 和 n 都大于零，则转递归子程序 ACK；在计算 $ACK(m,n)$ 函数值时，当 n 等于零，m 不为零，则递归以降低 m 的值；当 m 等于零，则递归结束，求得函数值 $n+1$。

要求：m 和 n 在主程序中从键盘输入，如果 m 或 n 小于零，则显示："Error input data!"。

3.3　字符串操作程序设计

1. 实验说明

字符串的处理是汇编语言程序设计的一个重要部分。字符串操作一般包括数据块移动、串排序、串搜索、串比较、串复制、串插入、串删除、串交换以及大小写字母转换等内容。编写字符串操作程序时经常会用到 80x86 的串操作指令。

(1) 数据块移动

数据块移动指将源缓冲区中的字符串传送到目的缓冲区中(简称串传送)。根据串传送指令(MOVSB、MOVSW 或 MOVSD)的约定，串传送前源串和目的串的首地址(假定是增址传送)或末地址(假定是减址传送)送入 SI 和 DI 寄存器，源串和目的串的段基址送入 DS 和 ES 寄存器，重复次数送入 CX 寄存器。同时，要将方向标志位清"0"(正向传送)或置"1"(反向传送)。

为了简化程序设计，串传送也可在同一个段内进行。不单独设置附加段，而是定义数据段和附加段为同一地址空间。即在 ASSUME 语句中说明 DS 和 ES 寻址同一个逻辑段，在其后的赋值语句中，给 DS 和 ES 赋予同一个逻辑段的段基址，即可达到目的。

(2) 串搜索

串搜索可理解为扫描某个串，寻找该串中是否含有某一个关键字(串搜索指令 SCASB、SCASW 或 SCASD)。在串搜索前关键字送入 AL(字节搜索)、AX(字搜索)或 EAX(双字搜索)寄存器，串对应的逻辑地址送 ES:DI 寄存器，串长度放在 CX 寄存器中。

(3) 串比较

串比较执行的是源串(由 DS:SI 寻址)与目的串(由 ES:DI 寻址)之间的比较(串比较指令 CMPSB、CMPSW 或 CMPSD)。

(4) 串删除

若要求删除串中所指定的字符，则首先找到该字符，然后将其删除。要在串中某一个位置删除一个字符，则只要将该字符后面的子串向前移动一个单元，并修改字符串长度即可。子串前移的目的地址就是被删除的字符位置，而源串首地址就是被删除字符的下一个字符的地址，传送的长度就是 REPNE SCASB 指令执行后的 CX 值。

(5) 串插入

在字符串中插入一个字符的操作与删除一个字符的操作有某些相同之处。如果说删除一个字符的操作是将被删字符串中的剩余字符串向前移动一个单元的话，那么插入一个字符实际上是将被搜索的字符向后移一个字符，以空出一个单元存放插入的字符。若插入的不是一个字符，而是一个子串，则被搜索的字符向后移动的单元数刚好是插入子串的长度。

2. 实验目的

掌握串指令的使用；掌握字符串操作程序的编写。

3. 实验示例

【例 3.3.1】 串删除。

设 NUM 单元为数据个数，NUM+1 单元开始是一张无序表，现要求删除其中所有的"E"字符。

【程序分析】

对于无序表，应从第一个数开始依次搜索，当找到需要删除的数据之后，只需将后续的数据块依次向低地址方向移动一个字节，将需要删除的数据覆盖掉，就完成了删除任务。为了继续查找并删除指定字符，上一次串传送目的缓冲区的首地址就是继续查找的串首址，CX 值就是继续查找的次数，应该及时加以保护。本程序采用了数据段和附加段重叠的编程方法。为了验证，本程序另设计一个 DISP 子程序，用来显示删除操作之后的数据表内容。

【程序流程图】

程序流程图如图 3.5 所示。

【程序清单】

```
;FILENAME: EXA331.ASM
.486
DATA  SEGMENT USE16
NUM   DB    10,'ABCDEFWEGA'
DATA  ENDS
CODE  SEGMENT USE16
      ASSUME CS:CODE,DS:DATA,ES:DATA
BEG:  MOV   AX,DATA
      MOV   DS,AX
      MOV   ES,AX
      MOV   AL,'E'                        ;关键字→AL
      MOV   CH,0
      MOV   CL,NUM                        ;数据串长度→CX
      MOV   DI,OFFSET NUM+1               ;串首地址→ES:DI
```

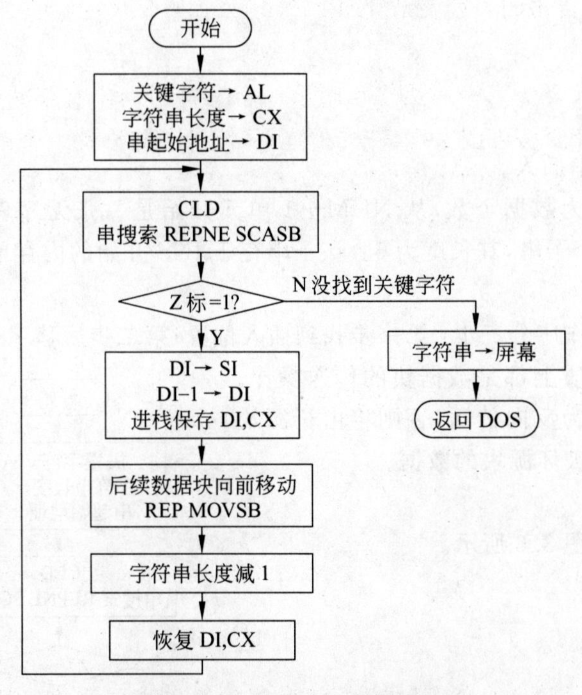

图 3.5 例 3.3.1 程序流程图

```
AGA: CLD
     REPNE SCASB                  ;搜索关键字
     JNZ   EXIT
     MOV   SI,DI
     DEC   DI
     PUSH  DI                     ;保存继续查找的首地址
     PUSH  CX                     ;保存继续查找的次数
     REP   MOVSB                  ;后续数据块上移一个单元
     DEC   NUM                    ;串长度减 1
     POP   CX                     ;恢复继续查找的首地址
     POP   DI                     ;恢复继续查找的次数
     JMP   AGA
EXIT: CALL DISP
     MOV   AH,4CH
     INT   21H
DISP PROC
     MOV   BL,NUM
     MOV   BH,0
     MOV   SI,OFFSET NUM+1
     MOV   BYTE PTR [BX+SI],'$'
     MOV   AH,9
     MOV   DX,OFFSET NUM+1
     INT   21H
```

```
        RET
DISP    ENDP
CODE    ENDS
        END     BEG
```

【例 3.3.2】 串插入。

设 NUM 单元为数据个数，从 NUM+1 单元开始是一张无序表，现要求在第一个“B”字符后插入一个子串，其长度为 5。该子串存于 INS 开始的内存单元。

【程序分析】

字符串插入操作应分三步：第一步找到插入位置；第二步后移字符串；第三步完成插入工作。后两步实质上都是数据块的传送操作。但第二步的传送应为反向传送，否则将由于源块和目的块的重叠而破坏源块的数据。

【程序流程图】

程序流程图如图 3.6 所示。

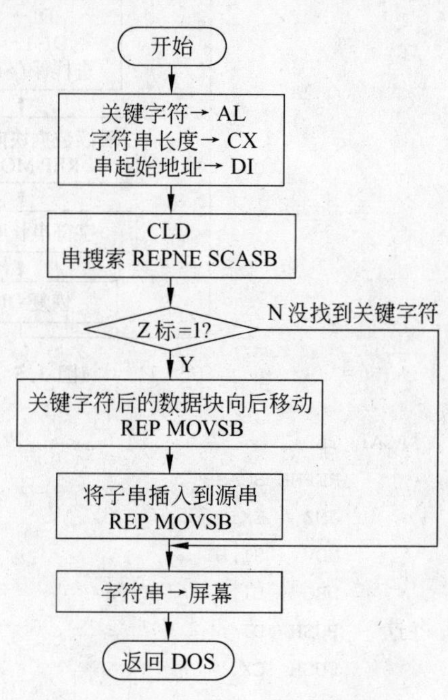

图 3.6　例 3.3.2 程序流程图

【程序清单】

```
;FILENAME: EXA332.ASM
.486
DATA    SEGMENT USE16
NUM     DB      10,'ABCDEFWEGA'
FREE    DB      10 DUP(?)
INSER   DB      'INSER'
LEN     EQU     $-INSER
DATA    ENDS
CODE    SEGMENT USE16
        ASSUME CS:CODE,DS:DATA,ES:DATA
BEG:    MOV     AX,DATA
        MOV     DS,AX
        MOV     ES,AX
        MOV     AL,'B'                          ;关键字符→AL
        MOV     CH,0
        MOV     CL,NUM                          ;数据串长度→CX
        MOV     DI,OFFSET NUM+1                 ;串首地址→ES:DI
AGA:    CLD
        REPNE SCASB                             ;搜索关键字
        JNZ     EXIT
        MOV     SI,OFFSET FREE-1
        MOV     DI,OFFSET FREE+LEN-1
        STD
        REP     MOVSB                           ;后移字符串
        MOV     SI,OFFSET INSER+LEN-1
        MOV     CX,LEN
```

```
        STD
        REP   MOVSB                       ;插入子串 INSER
EXIT:   CALL  DISP
        MOV   AH,4CH
        INT   21H
DISP    PROC                              ;显示字符串
        MOV   FREE+5,'$'
        MOV   AH,9
        MOV   DX,OFFSET NUM+1
        INT   21H
        RET
DISP    ENDP
CODE    ENDS
        END   BEG
```

4. 实验项目

【实验 3.3.1】 将数据段中以 STRING1 为首地址的 10 个字节传送到附加段的 STRING2 缓冲区中,并显示目的串的内容。

【实验 3.3.2】 用串操作指令设计程序,实现在存储区(起始地址为 DS:1000H,长度为 100H)中寻找空格字符(20H)。若找到,则在屏幕上显示"Y",否则屏幕上显示"N"。

【实验 3.3.3】 假设内存缓冲区自 BUF 单元开始连续存放着字符串"THIS IS COMPUTER",编程统计其包含着多少个子串"IS",并将统计的个数以十进制形式显示在屏幕上。

【实验 3.3.4】 假设内存缓冲区自 BUF 单元开始连续存放 50 个字节数据,编写程序将这些数据由小到大排序,排序后的数据仍放在该缓冲区中。要求原始数据在源程序中给出,排序前后的数据以每行 10 个的格式显示在屏幕上。

【实验 3.3.5】 从键盘连续输入一字符串(字符串长度≤16 个字符,其中有 $ 符号)。设计程序完成以下要求:

① 用十六进制显示 $ 的位置(0~F)。

② 从输入字符串中删去 $ 符,并将删除后的字符串反向显示出来。

例:

```
INPUT STRING: AdfgghKSDasdA$jK(按回车键)
D
KjAdsaDSKhggfdA
```

【实验 3.3.6】 从键盘连续输入一字符串(字符串长度<80 个字符)。设计程序完成以下要求:

① 以 16 进制输出字符串中非字母字符的个数。

② 把字符串中的大写字母变为小写字母并输出。

③ 找到输入字符串中 ASCII 码值最大的字符并输出。

【实验 3.3.7】 通信字识别。

程序执行后，给出简单明了的操作提示，请用户给出“通信字”。只有当用户键入的字符串和程序定义的字符串相同时，程序才能返回 DOS。具体设计要求：

① 界面颜色自定(彩色或黑白)，界面清晰美观；

② 为了保密，用户利用系统功能调用键入的字符不应当如实回显在屏幕上，且程序在接收键入的过程中不响应按 Ctrl＋C 组合键。

【实验 3.3.8】 用户登录验证程序的实现。

程序执行后，给出操作提示，请用户键入用户名和密码；用户在键入密码时，程序不回显键入字符；只有当用户键入的用户名、密码字符串和程序内定的字符串相同时，显示欢迎界面，并返回 DOS。界面颜色自定(彩色或黑白)。

3.4 图形显示程序设计

1. 实验说明

在图形领域中，汇编语言具有潜在的优点，因为显示屏幕上的一个图像由成千上万个像素组成，处理这些像素需要大量的指令。以速度而论，汇编语言远比高级语言快得多，最高级的图形技术，例如动画，只能以汇编语言设计才更逼真、更有效。

(1) 显示适配器

显示方式与显示适配器及显示器密切相关，IBM-PC 系列微机中先后提供了多种显示适配器(显示卡)，显示适配器的功能基本是向下兼容，即新型显示卡功能包括前一档次显示卡的显示功能，而又有所增强，表 3.1 给出了常用适配器的基本技术指标。

表 3.1 常用适配器的基本技术指标

类　型	图形分辨率	彩色度(灰度)
单色字符显示适配器(MDA)	720×350	2
彩色图形适配器(CGA)	320×200 640×200	16 选 4
增强型图形适配器(EGA)	640×350	64 选 16
视频图形阵列(VGA)	640×480	256
超级视频图形适配器(SVGA)	1024×768 1280×1024 1680×1280	16M
局部高性能总线显示卡(PCI)	1024×768 1280×1024 1680×1280	16M
图形加速阵列(AGP)	1024×768 1280×1024 1680×1280	4G

(2) 显示方式

EGA/VGA 显示方式分为两类：文本方式和图形方式。文本方式主要用于字符文本处理。在图形方式中，彩色图形适配器把屏幕分成 m×n 的点阵，每个点的坐标上的图像元素就是一个像素(Pels)。通过读写屏幕上各像素点，显示出单色或彩色图形。由于设置或改变 PC 机的显示方式对时间的要求不严格，而要编写设置或改变显示方式的程序很困难，因此设置 EGA/VGA 显示方式一般由 BIOS 调用 INT 10H 来完成，表 3.2 列出了几种 EGA/VGA 常用的显示方式。而对于 SVGA 显示方式，视频电子学标准协会(Video Electronics Standards Association，VESA)提出了一组扩展的 BIOS 功能调用接口——VBE(VESA BIOS Extension)标准，是通过一组 AH＝4FH 的 BIOS 功能调用来实现的。

表 3.2 INT 10H 设置显示方式功能(AH＝00H)

模式	分辨率	工作方式	色数	显示卡
AL＝0	40×25	文本方式	16 级灰度	CGA
AL＝1	40×25	文本方式	16	CGA
AL＝2	80×25	文本方式	16 级灰度	CGA
AL＝3	80×25	文本方式	16	CGA
AL＝4	320×200	图形方式	4	CGA
AL＝5	320×200	图形方式	2	CGA
AL＝6	640×200	图形方式	2	CGA
AL＝0DH	320×200	图形方式	16	EGA
AL＝0EH	640×200	图形方式	16	EGA
AL＝0FH	640×350	图形方式	4	EGA
AL＝10H	640×350	图形方式	16	EGA
AL＝11H	640×480	图形方式	2	VGA
AL＝12H	640×480	图形方式	16	VGA
AL＝13H	320×200	图形方式	256	VGA

(3) EGA/VGA 视频显示存储器的工作原理

适配器主要是由视频控制器和视频显示 RAM 组成的。在显示器上显示的信息(文本或图形数据)都存放在称为视频显示 RAM 的存储器中。CPU 对视频显示 RAM 和对其他 RAM 一样可以寻址，所以程序可以通过指令对视频 RAM 读取和写入。为了显示信息，视频控制器会连续重复地读取视频显示 RAM 中的数据，并把它转换成能在屏幕上显示的信号。所以改变视频显示 RAM 中的内容，屏幕上的画面也随之改变。

在 EGA/VGA 的图形方式下，像素的存取是采取一种位映像的方式。对视频 RAM 的一个单元进行读写操作，将会从 4 个并行的位平面存取 4 个字节的数据。

① EGA 视频存储器。对 EGA，视频 RAM 的大小为 256KB，最多可显示 64 种颜色，但同时在屏幕上可显示的颜色数只有 16 种。EGA 的图形存储器定位在 A0000H～AFFFFH 的一个独立的 64KB 的地址空间中。IBM PC 将视频 RAM 组织为 4 个并行的位平面，每个位平面 64KB，以页方式寻址来存放视频 RAM 的全部 256KB。

如图 3.7 所示的存储器位面结构中，位面上的每个字节表示屏幕上的 8 个像素，每位代表 4 位颜色值中的 1 位，4 个位平面上同一地址的 4 位可表示 $2^4=16$ 种颜色。EGA 适配器中还设置了 16 个调色板寄存器，用来表示 64 种颜色。

例如，EGA 支持 640×350 像素、16 色显示方式。每个位面需要 28000 个字节对应 640×350＝224000 个像素进行寻址。在位面的前 80 个字节中存放的是第一个 640 位的扫描行，紧接着的 80 个字节中存放的是第二个扫描行，以此类推。像素的颜色由同一地址而又分别位于 4 个平面的 4 位来组合。如果要改变视频显示器的一个像素，那就必须对描述该像素的 4 位信息进行修改。

② VGA 视频存储器。对 VGA，视频 RAM 的大小通常也为 256KB。支持的像素数增至 640×480，可同时显示 16 种颜色，最多可显示 256 种颜色。

在 640× 480 分辨率，16 色的图形显示方式下，VGA 的图形存储器也定位在 A0000H～AFFFFH 的一个独立的 64KB 的地址空间中，由 4 个 64KB 的位面组成。

VGA 的图形方式 13H 是一种在 320×200 的低分辨率显示方式下，但它显示的颜色可达 256 种，因而要求一个元素用 8 位表示。在这种方式下，视频存储器的组织形式与 16 色的不同，视频存储器位面上的一个字节表示一个像素，而不是 8 个像素。表示像素 0 的字节位于位面 0，表示像素 1 的字节位于位面 1，表示像素 2 的字节位于位面 2，表示像素3 的字节位于位面 3，表示像素 4 的字节位于位面 0，跟在像素 0 后面，依次类推……，如图 3.7 所示。

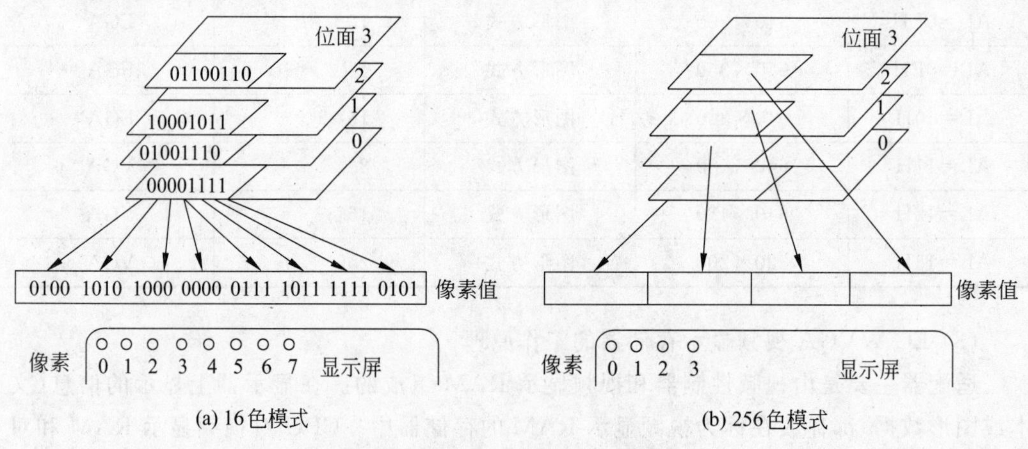

图 3.7 EGA 和 VGA 的位面结构

(4) EGA/BGA 图形程序设计

在图形方式下，可以利用 BIOS INT 10H 功能或采用直接访问显示存储器的方法对屏幕上的像素进行读写和处理。调用 BIOS 程序的方法通用性和移植性好，但效率较低。

如果采用直接访问显示存储器的方法，速度快、效率高，但通用性和移植性较差，而且要求程序员必须了解视频显示 RAM 的组织方式和表示像素的数据结构。在目前 BIOS 提供图形处理能力还相对较弱的情况下，许多图形程序都采用了直接访问显示存储器的方法。

① 直接访问显示存储器。用于 EGA 和 VGA 标准位面结构的一个重要特征是，在指定的图形方式中，通过设置位面的存储位来确定每个像素的显示状态。要读写某个像素时，程序必须首先计算出这个像素在显存中的位地址。对不同的显示方式，所支持的分辨率不同，因此根据每行像素数和屏幕上的总行数，计算方法也不同。然而对所有位面结构的显示方式，地址映像操作都需要计算两个值：一个是含有该像素存储位的字节地址，另一个是分离像素位所需要的位掩码。位掩码必须放入图形控制器的位屏蔽寄存器。用户可参考实验 3.4.1。

EGA/VGA 中除了显示存储器之外，还包括图形控制器，并-串转换器、属性控制器及操作定序器等组成部分。

图形控制器共有 9 个控制寄存器，它们的存取操作均通过地址寄存器（口地址为 3CEH）和数据寄存器（口地址为 3CFH）来进行，前者存放索引号，后者存放向索引号所指定的寄存器写入或读出的数据。存放位掩码的位屏蔽寄存器的索引号为 8。置位/复位寄存器的索引号为 0，用来存放向显示存储器写入的颜色。置位/复位允许寄存器的索引号为 1，用来决定置位/复位操作对哪几个位平面进行。

操作定序器共有 5 个寄存器，它们的存取操作与图形控制器相似，软件通过向地址寄存器（口地址为 3C4H）和数据寄存器（口地址为 3C5H）来进行，前者存放索引号，后者存放向索引号所指定的寄存器写入或读出的数据。位平面屏蔽寄存器的索引号为 2，它可以允许或禁止 CPU 访问指定的位平面。

对于 VGA 的图形方式 13H 不需要通过位映像的方法逐一计算屏幕上的像素值。视频 RAM 中的每个字节描述一个单独的屏幕像素，字节的 8 位值就是一个像素的属性值（表示颜色）。显存的第一个字节（A0000:0000）对应屏幕左上角的第一个元素，显存的最后一个字节（A0000:F9FF）对应屏幕右下角的最后一个元素。正因为 256 色、320×200 方式下像素与显存字节有一一对应的关系，所以相应的软件编写起来相对简单。用户可参考实验 3.4.2。

② BIOS 图形程序设计。当 EGA/VGA 为图形方式时，BIOS 有两个调用用于读写，即 INT 10H 的 AH= 0CH（写像素），AH=0DH（读像素）。

INT 10H，AH=0CH 写像素

入口参数：AL=像素点颜色
　　　　　BH=显示页号
　　　　　CX=像素点所在的列号
　　　　　DX=像素点所在的行号

INT 10H，AH=0DH 读像素

入口参数：BH=显示页号
　　　　　CX=像素点所在的列号
　　　　　DX=像素点所在的行号

返回参数：AL=像素点颜色

点、线、圆、弧是构成计算机图形的基本图素，所有的计算机图形都能由这些图素组成。由于篇幅所限，本书只简单介绍了计算机图形设计的基本知识，在具体编程时，还有许多细节值得研究，请读者参考有关资料。

(5) 动画程序设计

所谓动画，就是在不同的时间坐标上，显示不相同的内容，但是其内容又具有连续性的画面(称为“帧”)。制作动画，首先需要制作一幅画的“原稿”，并将这幅画显示在屏幕上，然后对这幅画进行移动、旋转和变换。例如，在连续递增的 X 坐标上不断重画图像，就得到屏幕上的物体从左向右水平移动的效果。

显示动画的一般过程：

① 在打算显示图像的区域上，进行“读像素”的操作，保存原图像信息。

② 在这个区域上，通过“写像素”操作，画出需要显示的图像。

③ 延时。

④ 通过“写像素”操作，重画保存的原图像信息(恢复)。

⑤ 修改将要显示图像的区域的坐标值。

2. 实验目的和要求

掌握汇编语言图形程序设计的基本方法。

3. 实验示例

【例 3.4.1】 在 16 色，640×480 图形方式下，在屏幕中央显示一红色像素点(采用直接访问显示存储器的方法)。

【程序分析】

① GETPB 子程序的功能是获得与这个像素相对应的字节地址和位掩码，要写的像素点的坐标为(row,col)。相应地，在数据段定义了行坐标变量单元 ROW 和列坐标变量单元 COL。

字节地址为(row * 640+col)/8

位掩码是通过对一个基本位模式 10000000 右移来获得的，移位次数是 row 除以 8 得到的余数。

② EGA/VGA 的读-改-写是一个两步的过程，先要使用读操作把显存中的数据读入暂存器，然后才进行写操作把修改过的像素数据写回到原来的显存地址中去。

为了读者调用方便，本例写像素点设计成子程序形式。子程序名称为 WPOINT，调用前只需将要写像素点的行坐标、列坐标和颜色分别赋给 AX、BX 和 CL。

【程序流程图】

程序流程图如图 3.8 所示。

【程序清单】

```
;FILENAME: EXA341.ASM
.486
```

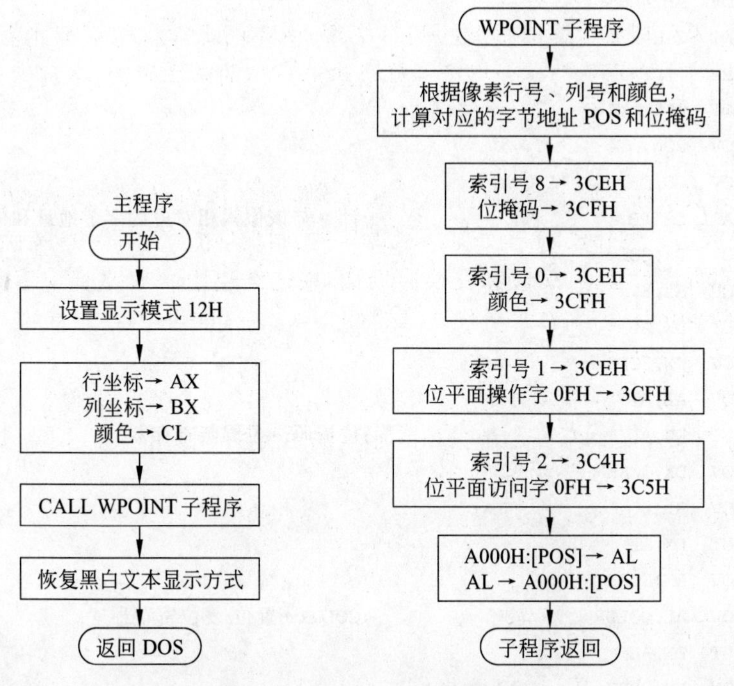

图 3.8 例 3.4.1 程序流程图

```
DATA    SEGMENT USE16
COL     DW ?
ROW     DW ?
COLOR   DB ?
POS     DW ?
BIT     DB ?
DATA    ENDS
CODE    SEGMENT USE16
        ASSUME CS:CODE,DS:DATA
BEG:    MOV  AX,DATA
        MOV  DS,AX
        MOV  AH,00H
        MOV  AL,12H
        INT  10H                          ;设置显示模式 12H
        MOV  AX,320                       ;行
        MOV  BX,240                       ;列
        MOV  CL,4                         ;颜色
        CALL WPOINT
        MOV AH,0                          ;按任意键结束程序
        INT 16H
        MOV  AH,0                         ;恢复黑白文本方式
        MOV  AL,3
        INT  10H
```

```
        MOV  AH,4CH
        INT  21H
WPOINT PROC
        MOV  COL ,AX
        MOV  ROW, BX
        MOV  COLOR,CL
        CALL GETPB                          ;计算与该像素相对应的字节地址和位掩码
        MOV  DX,3CEH
        MOV  AL,8
        OUT  DX,AL
        MOV  DX,3CFH
        MOV  AL,BIT
        OUT  DX,AL                          ;位掩码→位屏蔽寄存器
        MOV  DX,3CEH
        MOV  AL,0
        OUT  DX,AL
        MOV  DX,3CFH
        MOV  AL,COLOR                       ;COLOR→置位/复位寄存器
        OUT  DX,AL
        MOV  DX,3CEH
        MOV  AL,1
        OUT  DX,AL
        MOV  DX,3CFH                        ;置位/复位操作对四个位平面同时进行
        MOV  AL,0FH
        OUT  DX,AL
        MOV  DX,3C4H
        MOV  AL,2
        OUT  DX,AL
        MOV  DX,3C5H
        MOV  AL,0FH
        OUT  DX,AL                      ;0FH→位平面屏蔽寄存器,可同时对 4 个位平面写入
        MOV  SI,0A000H
        MOV  ES,SI
        MOV  BX,POS
        MOV  AL,ES:[BX]
        MOV  ES:[BX],AL                 ;写像素点
        RET
WPOINT ENDP
GETPB  PROC                             ;OFFSET=80 * ROW+ COL/8
        MOV  AX,ROW
        MOV  CX,80
        MUL  CX
        MOV  BX,AX
        MOV  AX,COL
```

```
        MOV  CL,8
        DIV  CL
        MOV  CL,AH
        MOV  AH,0
        ADD  BX,AX
        MOV  POS,BX                    ;BIT=10000000>> (ROW MOD 8)
        MOV  AH,10000000B
        SHR  AH,CL
        MOV  BIT,AH
        RET
GETPB   ENDP
CODE    ENDS
        END  BEG
```

【例 3.4.2】 采用 256 色，320×200 图形方式，在屏幕中央画一条通长的红色水平线(采用直接访问显示存储器的方法)。

【程序流程图】

程序流程图如图 3.9 所示。

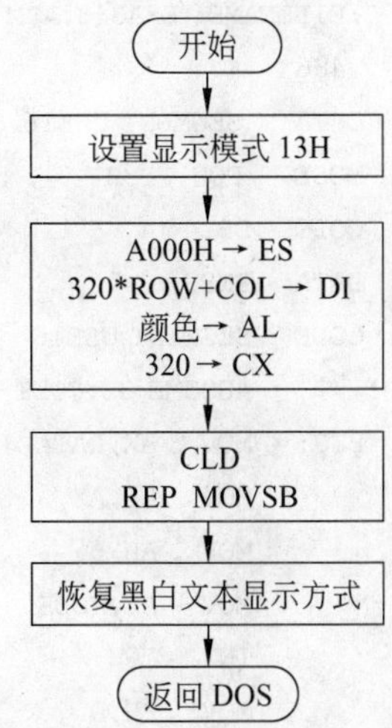

图 3.9 例 3.4.2 程序流程图

【程序清单】

```
;FILENAME: EXA342.ASM
.486
DATA    SEGMENT USE16
COL     DW 0
ROW     DW 100
COLOR   DB 4
DATA    ENDS
CODE    SEGMENT USE16
        ASSUME CS:CODE,DS:DATA
BEG:    MOV  AX,DATA
        MOV  DS,AX
        MOV  AH,00H
        MOV  AL,13H                    ;设置显示模式 13H
        INT  10H
        MOV  BX,0A000H
        MOV  ES,BX
        MOV  AX,320
        MUL  ROW
        MOV  DI,COL
        ADD  DI,AX                     ;起始地址为 320 * row+col
        MOV  AL,COLOR
        MOV  CX,320
        CLD
        REP  STOSB                     ;画线
```

```
        MOV AH,0                          ;按任意键结束程序
        INT 16H
        MOV  AH,0                         ;恢复黑白文本方式
        MOV  AL,3
        INT  10H
        MOV  AH,4CH
        INT  21H
CODE    ENDS
        END  BEG
```

【例 3.4.3】 在屏幕中央画一条通长的红色水平线(采用 BIOS 图形设计的方法)。

【程序流程图】

程序流程图如图 3.10 所示。

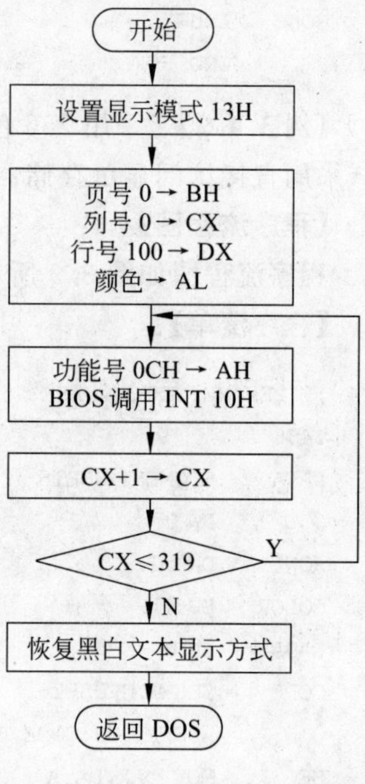

图 3.10 例 3.4.3 程序流程图

【程序清单】

```
;FILENAME: EXA343.ASM
.486
DATA    SEGMENT USE16
MODE     EQU  13H                    ;模式字
COLOR   DB    4                      ;像素值
DATA    ENDS
CODE    SEGMENT USE16
        ASSUME CS:CODE,DS:DATA
BEG:    MOV   AX,DATA
        MOV   DS,AX
        MOV   AH,0
        MOV   AL,MODE
        INT   10H                    ;设置显示模式 13H
        MOV   BH,0                   ;选择第 0 页
        MOV   CX,0
        MOV   DX,100                 ;从 0 列 100 行开始
        MOV   AL,COLOR
LL:     MOV   AH,0CH
        INT   10H                    ;写一个像素点
        INC   CX                     ;列值加 1
        CMP   CX,319
        JNA   LL                     ;小于 320 列转
        MOV   AH,0                   ;按任意键结束程序
        INT   16H
        MOV   AH,0                   ;恢复黑白文本方式
        MOV   AL,3
        INT   10H
        MOV   AH,4CH
        INT   21H                    ;返回 DOS
```

```
CODE   ENDS
       END   BEG
```

4. 实验项目

【实验 3.4.1】 分别采用直接访问显示存储器和 BIOS 图形设计的方法,以屏幕中心为起点,画一条与正向水平轴成 30°角的斜线。

【实验 3.4.2】 采用直接访问显示存储器的方法,在屏幕中央画一个红色的五角星(图形方式自选,下同)。

【实验 3.4.3】 分别采用直接访问显示存储器和 BIOS 图形设计的方法,在屏幕中央缓慢地按顺时针方向画一个圆,并比较画图的速度。

提示:为了加快速度,画圆可以只计算四分之一圆弧上的像素点的位置,即一个象限上的圆弧像素点。根据圆的对称性,其余三个象限对称的点的位置只需经过简单的计算即可得到。例如以圆心为参考点(0,0),则

1 象限圆弧上的坐标点 A 的位置为:(X,Y);

2 象限圆弧上对称于坐标点 A 的点的位置为:(−X,Y);

3 象限圆弧上对称于坐标点 A 的点的位置为:(−X,−Y);

4 象限圆弧上对称于坐标点 A 的点的位置为:(X,−Y)。

注意:编程时圆心的实际位置应代入计算;Y 与 X 方向应有比例。

【实验 3.4.4】 画出奥林匹克的会徽。

【实验 3.4.5】 在屏幕中央动态地画一条正弦曲线。

【实验 3.4.6】 在屏幕中央动态地画三相交流电的正弦曲线。

【实验 3.4.7】 在屏幕上画一个从左向右移动的彩色圆环。

3.5 磁盘文件管理程序设计

1. 实验说明

文件是存放在辅助存储器上的程序和数据。在处理指定文件时,必须使用一个完整的文件路径名,文件路径名指出该文件在辅助存储器上的位置,由磁盘驱动号、目录路径、文件名和全 0 字节构成,可定义如下:

```
filename db 'e:\masm\aa.txt',0
```

操作系统为每个处于“活动”状态的文件分配一个 16 位的文件句柄(handle),以后对该文件进行读写操作时,就用这个句柄去操作相应的文件。

每个文件都有一个记录该文件特性的字节,称为文件属性,该属性字节相应位置 1 的定义如表 3.3 所示。

表 3.3 文件属性字节

D7	D6	D5	D4	D3	D2	D1	D0
0	0	归档位(文件修改标志)	子目录	卷标	系统文件	隐含	只读

磁盘文件的操作可用 BIOS 或 DOS 调用来实现，表 3.4 给出了基本的文件管理 DOS 调用。

表 3.4 文件管理功能调用(INT 21H)

AH	功 能	调 用 参 数	返 回 参 数
3CH	新建空文件	DS:DX=文件路径名 CX=文件属性	CF=0：操作成功；AX=文件句柄 CF=1：操作出错；AX=错误代码
3DH	打开文件	DS:DX=文件路径名地址 AL=读写方式字	CF=0：操作成功；AX=文件句柄 CF=1：操作出错；AX=错误代码
3EH	关闭文件	BX=文件句柄	CF=0：操作成功；CF=1：操作出错 AX=错误代码
3FH	读文件或设备	DS:DX=数据缓冲区地址 BX=文件句柄 CX=读取的字节数	CF=0：读成功；AX=实际读入的字节数 AX=0 表示文件结束 CF=1：读出错；AX=错误代码
40H	写文件或设备	DS:DX=数据缓冲区地址 BX=文件句柄 CX=写入的字节数	CF=0：写成功；AX=实际写入的字节数 CF=1：写出错；AX=错误代码
42H	移动文件指针	CX=移动字节数(高位) DX=移动字节数(低位) AL=移动方式 BX=文件句柄	CF=0：操作成功； DS:AX=新指针的位置 CF=1：操作失败；AX=错误代码
43H	读写文件属性	DS:DX=文件路径名 AL=0 读文件属性 AL=1 置文件属性 CX=新属性	CF=0：操作成功，AL=0，CX=属性 CF=1：操作失败；AX=错误代码

2. 实验目的和要求

掌握磁盘文件基本操作的编程。

3. 实验示例

【例 3.5.1】 在硬盘 D 盘 TASM 目录下建立 aa.txt 文件，并把缓冲区的字符串"abcdefgh"写入该文件。

【程序流程图】

程序流程图如图 3.11 所示。

【程序清单】

```
;FILENAME: EXA351.ASM
```

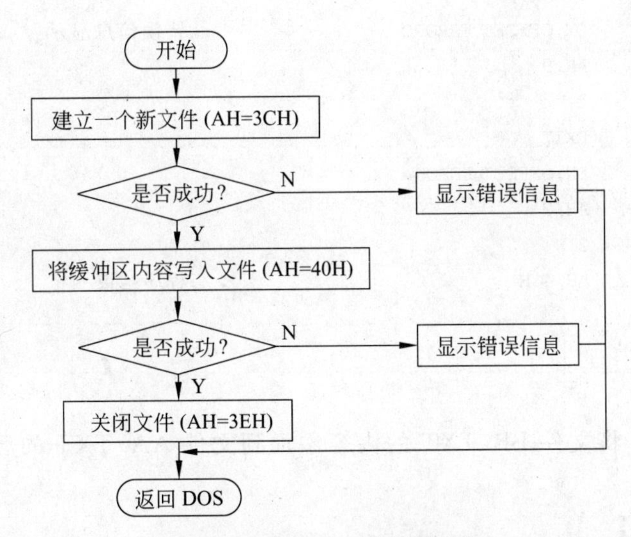

图 3.11 例 3.5.1 程序流程图

```
.486
DATA   SEGMENT USE16
       FILENAME  DB 'D:\TASM\AA.TXT', 0            ;文件路径名
       HANDLE    DW ?                              ;句柄
       ERRORC    DB 'CREAT FILE ERROR!','$'
       ERRORW    DB 'WRITE FILE ERROR!','$'
       BUFFER    DB 'ABCDEFGH'                     ;写入文件的字符串
       LEN       EQU $-BUFFER
DATA   ENDS
CODE   SEGMENT USE16
       ASSUME CS:CODE,DS:DATA
BEG:   MOV       AX, DATA
       MOV       DS,AX
       MOV       AH,3CH                            ;建立文件
       MOV       CX,00
       MOV       DX,OFFSET FILENAME
       INT       21H
       JC        E1                                ;失败转
       MOV       HANDLE,AX
       MOV       AH,40H                            ;写文件
       MOV       BX,HANDLE
       MOV       CX,LEN
       MOV       DX,OFFSET BUFFER
       INT       21H
       JC        E2                                ;失败转
       MOV       AH,3EH                            ;关闭文件
       MOV       BX,HANDLE
       INT       21H
       JMP       EXIT
```

```
E1:   MOV    DX,OFFSET ERRORC                ;错误信息显示
      MOV    AH,9
      INT    21H
      JMP    EXIT
E2:   MOV    DX,OFFSET ERRORW
      MOV    AH,9
      INT    21H
EXIT: MOV    AH,4CH                          ;程序结束
      INT    21H
CODE  ENDS
      END    BEG
```

【例 3.5.2】 将文件 BB. TXT 的内容添加到文件 AA. TXT 的后面，实现文件的拼接。

【程序流程图】

程序流程图如图 3.12 所示。

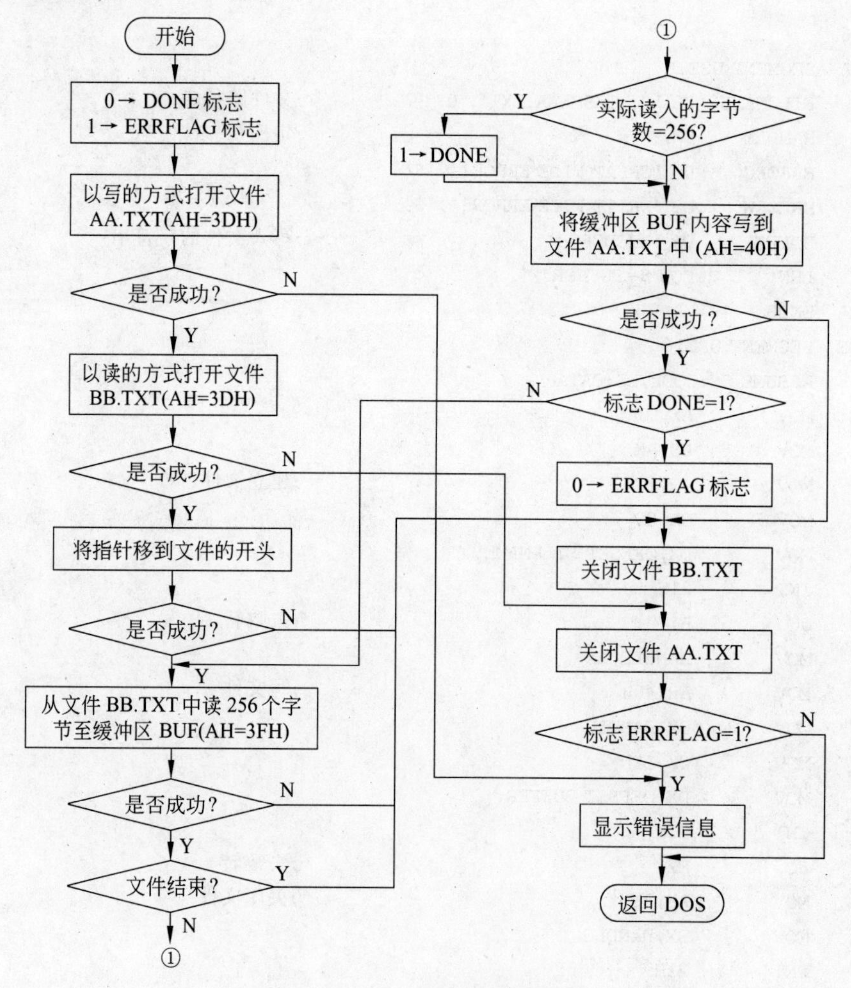

图 3.12 例 3.5.2 程序流程图

【程序清单】

```
;FILENAME: EXA352.ASM
.486
DATA    SEGMENT USE16
        FILENAME1  DB  'D:\TASM\AA.TXT', 0
        FILENAME2  DB  'D:\TASM\BB.TXT', 0
        BUF        DB  256 DUP(?)                  ;数据缓冲区
        HANDLE1    DW  ?
        HANDLE2    DW  ?
        DONE       DB  0                           ;文件2读操作完成标志,0:未完成
        ERRFLAG    DB  1
        ERRMESG    DB 'OPERATE FILE ERROR! ','$'
DATA    ENDS
CODE    SEGMENT USE16
                   ASSUME CS:CODE,DS:DATA
BEG:    MOV        AX,DATA
        MOV        DS,AX
        MOV        AH,3DH                          ;以写的方式打开文件 AA.TXT
        MOV        AL,01H
        MOV        DX,OFFSET FILENAME1
        INT        21H
        JC         E1
        MOV        HANDLE1,AX
        MOV        AH,3DH                          ;以读的方式打开文件 BB.TXT
        MOV        AL,0
        MOV        DX,OFFSET FILENAME2
        INT        21H
        JC         FINISH1
        MOV        HANDLE2,AX
        MOV        AH,42H                          ;将指针移到文件的开头
        MOV        AL,02H
        MOV        DX,0
        MOV        CX,0
        MOV        BX,HANDLE1
        INT        21H
        JC         FINISH
AGA:    MOV        AH,3FH                          ;读文件 BB.TXT
        MOV        DX,OFFSET BUF
        MOV        BX,HANDLE2
        MOV        CX,256
        INT        21H
        JC         FINISH
        PUSH       AX
```

```
         CMP       AX,0
         JE        FINISH                    ;读文件结束,置标志位 DONE
         CMP       AX,256
         JE        CONT
         MOV       DONE,1                    ;已读到文件末尾,置标志位 DONE
CONT:    MOV       AH,40H                    ;写文件 AA.TXT
         MOV       BX,HANDLE1
         POP       CX
         MOV       DX,OFFSET BUF
         INT       21H
         JC        FINISH
         CMP       DONE,0
         JE        AGA
         MOV       ERRFLAG,0
FINISH:  MOV       AH,3EH                    ;关闭文件 BB.TXT
         MOV       BX,HANDLE2
         INT       21H
FINISH1: MOV       AH,3EH                    ;关闭文件 AA.TXT
         MOV       BX,HANDLE1
         INT       21H
         CMP       ERRFLAG,0
         JE        EXIT
E1:      MOV       DX,OFFSET ERRMESG         ;错误显示
         MOV       AH,09H
         INT       21H
EXIT:    MOV       AH,4CH                    ;程序结束
         INT       21H
CODE     ENDS
         END       BEG
```

4. 实验项目

【实验 3.5.1】 在硬盘某目录下建立一名为 file1. asm 的文件,建立成功,在屏幕上显示字符串“SUCCESS”,否则显示“ERROR”。

【实验 3.5.2】 首先从键盘输入文件名,建立该文件,然后将从键盘输入的字符保存到该文件中。

【实验 3.5.3】 读取某文本保存的内容,并显示在屏幕上。

【实验 3.5.4】 将硬盘上的某个文本文件的大写字母转换成小写字母,并保存。

第4章 chapter 4

Win32 汇编程序设计实验

4.1 Win32 汇编语言程序开发过程

Windows 操作系统工作在保护模式下。Windows 操作系统为每一个应用程序建立一个 4GB 的线性空间，整个 4GB 空间都作为一个段。代码段和数据段/堆栈段的空间是统一的，都是 00000000H～FFFFFFFFH。在这个 4GB 的地址空间中，一部分用来存放程序，一部分作为数据区，一部分作为堆栈，另外还有一部分被系统使用。在 Windows 程序中，程序员不需要给段寄存器赋值。在整个程序运行期间，程序员也不应该修改这些段寄存器的值。

1. Win32 汇编语言程序的格式

一个完整的 Win32 汇编源程序在结构上必须做到：

① 用方式选择伪指令说明执行该程序的 CPU 类型；

② 用内存模式选择伪指令来指定程序的内存模式；

③ 用段定义语句定义每一个逻辑段，在 Win32 下是没有段的概念，该伪指令只是用来区分地址空间；

④ 用汇编结束语句说明源程序结束。

Win32 汇编语言源程序结构如下所示：

```
.486
.MODEL FLAT, STDCALL
OPTION CASEMAP:NONE
.DATA
<定义有初始化值的变量>
......
.DATA?
<定义未初始化值的变量>
......
.CONST
<定义常量>
```

```
……
.CODE
<标号>
<代码>
.....
END<标号>
```

2. Win32 汇编语言的开发过程

Win32 汇编软件的开发可分源程序开发和资源开发两部分。其中,源程序的开发过程和 DOS 源程序相同,asm 源程序经汇编程序汇编成 obj 目标程序;资源文件的"源文件"是以 rc 为扩展名的脚本文件,由资源编译程序编译成以 res 为扩展名的二进制资源文件;最后由链接程序将它们链接成可执行文件。

图 4.1 给出了 Win32 汇编可执行文件的生成过程。其中资源开发部分不是每一个 Win32 应用程序都必需的。

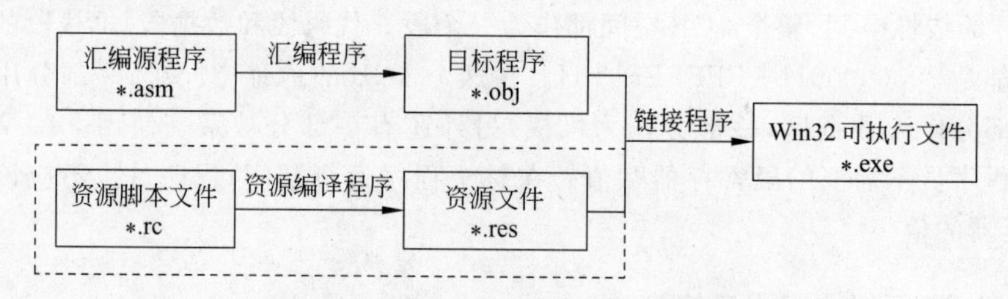

图 4.1 Win32 汇编可执行文件的生成

对 Win32 汇编来说,Microsoft 公司的 MASM 的使用最为方便,它具有支持@@标号,可用 invoke 调用子程序,支持局部变量和有高级语法等优点。由于 Windows 有很多的数据结构和定义都放在 include 文件中,还有链接时要用到的 Import 库放在 include 和 lib 目录中,所以在程序开发时要指定以下系统环境:

```
set include=\Masm32\Include
set lib=\Masm32\lib
set path=\Masm32\Bin
```

Win32 汇编程序开发过程如下:

(1) 源程序的编辑

编辑就是调用编辑程序编辑源程序,生成一个扩展名为 ASM 的文本源文件。DOS 提供的 EDIT.EXE 或其他编辑软件都能完成编辑任务。

(2) 源程序的汇编

MASM 汇编器的命令行用法为:

```
ml [/选项] 汇编源文件列表
```

ml 在 Win32 汇编中常用的选项如表 4.1 所示。

表 4.1 ml 的常用选项

选　　项	简　　介
/c(常用)	仅进行编译,不自动进行链接
/coff(必用)	产生的 obj 文件格式为 COFF 格式
/Cp	源代码区分大小写
/Fo filename	指定输出的 obj 文件名
/Fe filename	指定链接后输出的 exe 文件名
/I pathname	指定 include 文件的路径
/link 选项	指定链接时使用的选项
/Zi(调试程序常用)	增加符号调试信息

(3) 资源文件的生成(该步骤不是必须的)

资源文件包括菜单、对话框、字符串、图标、位图资源等,在链接时,链接程序将资源加入到可执行文件中去。资源是由一些脚本文件构成的,它可以用普通的文件编辑器来编辑,也可以用更适合编写资源文件的所见即所得的资源编辑器来编辑。如 Visual C++ 资源编辑器。

资源编辑器在对资源编辑完成后,可以用两种格式来保存。

① 将该资源文件保存为.rc 格式的文件,然后再用资源编译程序 rc.exe 将.rc 文件编译成.res 文件。

② 直接将该资源文件保存为.res 格式的文件,这样,便可以在链接时直接将.res 文件链接到可执行文件。

(4) 目标程序的链接

用 ml.exe 编译的 COFF 格式的 obj 文件可以用 Link.exe 链接成可执行的 PE 文件。link 的命令行使用方法为:

```
link [选项] [文件列表]
```

命令行参数中的文件列表用来列出所有需要链接到可执行文件中的模块,可以指定多个 obj 文件、res 资源文件以及导入库文件。link 的选项很多,常用的选项如表 4.2 所示。

表 4.2 link 的常用选项

选　　项	简　　介
/DEBUG(调试程序常用)	在 PE 文件中加入调试信息
/DRIVER:类型	链接 Windows NT 的 WDM 驱动程序时用,类型可以是 WDM 或者 UPONLY
/DLL	链接动态链接库文件时用
/DEF:文件名	编写链接库文件时使用的 def 文件名,用来指定要导出的函数列表

续表

选　　项	简　　介
/IMPLIB：文件名	当链接有导出函数的文件时(如 DLL)要建立的导入库名
/LIBPATH：路径	指定库文件的目录
/OUT：文件名	指定输出文件名，默认的扩展名是 .exe，如果要生成其他文件名，如屏幕保护 *.scr 等，则在这里指定
/STACK：尺寸	设定堆栈尺寸
/SUBSYSTEM：系统名	指定程序运行的操作系统，可以是 NATIVE、WINDOWS、CONSOLE、WINDOWSCE 和 POSIX 等

(5) 动态调试

目前比较流行的 Win32 汇编语言调试工具是 Numega 公司的 SoftICE。如果要对 Win32 源程序进行调试，可执行 exe 文件中必须含有调试信息。因此必须使用带/Zi 选项的 ml.exe 对源程序进行汇编，并用带/DEBUG 选项的 link.exe 对目标程序进行链接。

4.2 Win32 汇编语言程序编程练习

1. 实验说明

在 4.1 节的基础上掌握 Win32 汇编语言程序设计过程。

2. 实验目的和要求

掌握 Win32 汇编语言源程序的编辑、汇编、目标文件的链接和可执行文件的执行全过程；掌握 ML、LINK 的使用方法以及 Win32 汇编语言的语法规则。

3. 实验示例

【例 4.2.1】 从 BUF 单元开始存有一字符串，找出其中的最大数送屏幕显示。

【程序分析】

在 Windows 操作系统中，使用 API 函数替代了 DOS 调用 INT n。API 是一个函数集合，函数的大部分被包含在几个动态链接库(Dynamic Link Library，DLL)中。程序中在屏幕上显示结果调用了 Windows API 函数 MessageBox，而退出程序执行，则调用 Windows API 函数 ExitProcess。

【程序流程图】

程序流程图如图 4.2 所示。

【程序清单】

```
;FILENAME: EXA421.ASM
.486
.MODEL FLAT,STDCALL
```

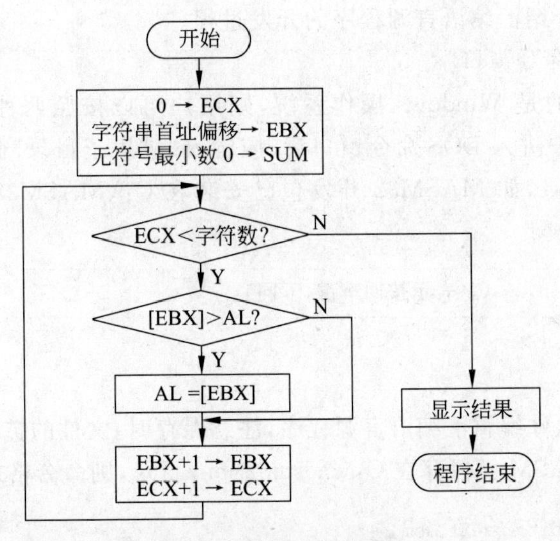

图 4.2　例 4.2.1 流程图

```
OPTION CASEMAP:NONE
INCLUDE \MASM32\INCLUDE\KERNEL32.INC
INCLUDE \MASM32\INCLUDE\WINDOWS.INC
INCLUDELIB \MASM32\LIB\KERNEL32.LIB
INCLUDE \MASM32\INCLUDE\USER32.INC
INCLUDELIB \MASM32\LIB\USER32.LIB
.DATA
BUF    DB 'QWERYTUIOP123'
COUNT EQU $-BUF
MAX    DB 'Max=',?,0
MsgBoxCaption DB "Example of win32",0
.CODE
START:MOV ECX,0
      MOV EBX,OFFSET BUF                              ;字符串首址偏移→EBX
      MOV AL,0                                        ;最小数 0→AL
      .WHILE ECX< COUNT                               ;循环
          MOV DL,[EBX]
          .IF(DL>AL)                                  ;比较
              MOV AL,DL                               ;大数→AL
          .ENDIF
          INC EBX                                     ;调整字符串首址偏移
          INC ECX
      .ENDW
      MOV MAX+4,AL                                    ;保存最大值
      INVOKE MessageBox, NULL, ADDR MAX, ADDR MsgBoxCaption, \MB_OK     ;显示结果
      INVOKE ExitProcess, NULL                                           ;程序结束
END START
```

下面以此例来介绍汇编语言源程序的开发过程。

(1) 启动DOS命令窗口

如果机器安装的是Windows操作系统,则用户可以按照两种1.2节的方法启动DOS命令窗口。用户进入DOS命令窗口后,应键入"进入子目录"命令进入当前汇编可执行文件BIN子目录,如MASM32开发包已安装在C:\MASM32目录,则DOS命令如下:

```
>c:↙                    (↙表示按回车键,下同)
>cd masm32\bin↙
```

(2) 编辑

采用文本编辑软件编辑汇编语言源程序,注意保存时,文件的扩展名必须是.asm。

如果EXA421.ASM就保存在C:\masm32\bin目录,则命令格式为:

```
C:\masm32\bin>edit exa421.asm↙
```

如果欲将EXA421.ASM保存在D:\myfile中,则命令格式为:

```
C:\masm32\bin>edit d:\myfile\exa421.asm↙
```

(3) 汇编

汇编操作能够将源程序转换为目标程序,并显示错误信息。

如果EXA421.asm保存在C:\masm32\bin目录,则命令格式为:

```
C:\masm32\bin>ml /c /coff exa421.asm↙
```

如果EXA421.ASM保存在D:\MYFILE目录,并且欲将EXA421.OBJ也保存在此目录,则汇编命令格式为:

```
C:\masm32\bin>ml /c /coff //Fo d:\myfile\exa421.obj d:\myfile\exa421.asm↙
```

如果系统给出源程序中的错误信息(错误原因和错误行号),则需要采用编辑软件修改源程序中的错误,直到汇编正确为止。

(4) 链接

链接操作是将目标程序链接为可执行程序。如果链接过程出错显示错误信息,也要修正后才能得到正确的可执行程序。

如果EXA421.OBJ保存在C:\masm32\bin目录,则命令格式为:

```
C:\masm32\bin>link /subsystem:windows d:\myfile\exa421.obj↙
```

如果EXA421.OBJ保存在D:\MYFILE目录,并且欲将EXA421.EXE也保存在此目录,则命令格式为:

```
link /subsystem:windows /out:d:\myfile\exa421.exe d:\myfile\exa421.obj↙
```

(5) 运行EXE可执行程序

EXE文件是可执行文件,在Windows环境下直接双击EXE文件图标就可执行,也可在 DOS 命令行提示符下直接键入可执行文件名后按回车键执行。如：

```
D:\myfile\>EXA421↙
```

4. 实验项目

【实验 4.2.1】 Win32 汇编语言编程过程的练习。

请将例 4.2.1 的源程序通过一个编辑软件输入计算机并加以保存，命名为：EXA421.ASM。然后调用 ML 和 LINK 完成编译和链接，生成可执行文件 EXA421.EXE。试着在当前目录下运行程序 EXA421.EXE。

4.3 Win32 窗口程序设计

1. 实验说明

窗口是 Windows 操作系统下应用程序的基础。在 Windows 操作系统下创建并显示一个窗口程序的编程步骤为：

① 调用 GetModuleHandle 函数获得应用程序的句柄；

② 可以根据需要从命令行得到参数；

③ 如果不是使用 Windows 预定义的窗口类，如 MessageBox 或 dialog box，必须先填写用户自定义窗口注册类的结构（WNDCLASSEX 的）变量参数，再调用 RegisterClassEx 函数注册窗口类；

④ 如果想程序运行后，立即在桌面显示窗口，调用 ShowWindow 函数显示窗口；

⑤ 调用 UpdateWindows 函数刷新窗口客户区；

⑥ 进入消息循环；

⑦ 如果有消息到达，则由该窗口的窗口回调函数，即用户写的窗口过程，对消息进行处理。

2. 实验目的和要求

掌握 Win32 汇编程序设计中窗口显示的原理；掌握 Win32 窗口程序的编写。

3. 实验示例

【例 4.3.1】 显示了一个标准 Windows 窗口，窗口标题为“The First Window”。

【程序流程图】

程序流程图如图 4.3 所示。

【程序清单】

```
;FILENAME: EXA422.ASM
.486
.MODEL FLAT,STDCALL
```

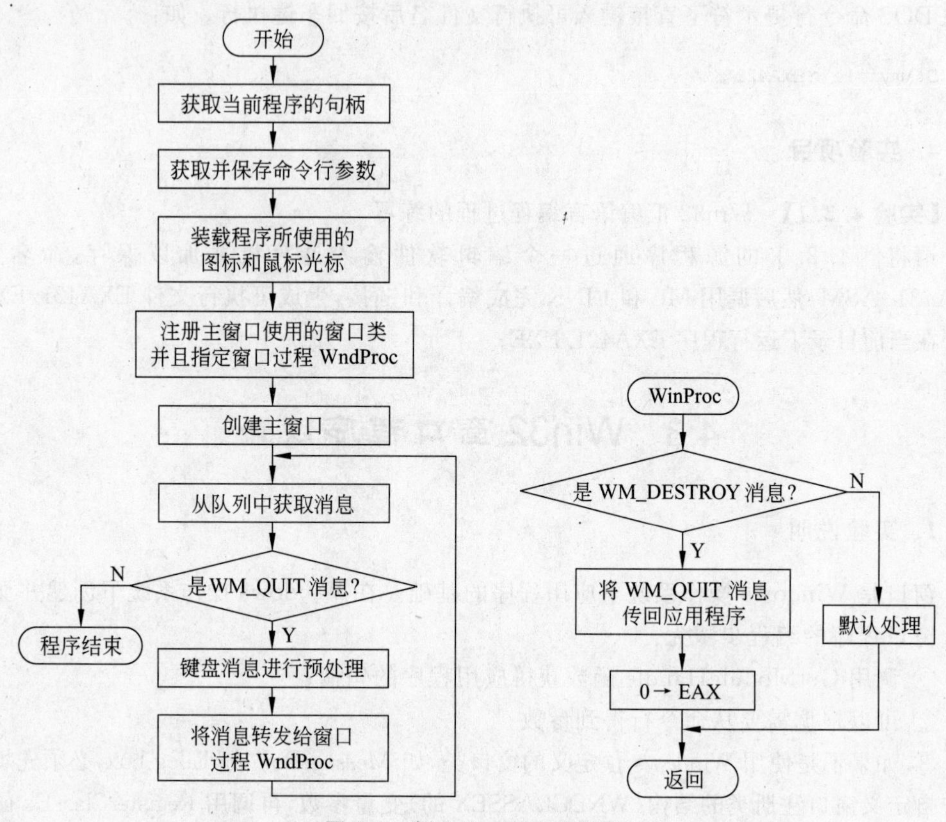

图 4.3 例 4.3.1 程序流程图

```
OPTION CASEMAP:NONE
WinMain PROTO : DWORD ,: DWORD,: DWORD,: DWORD
INCLUDE \MASM32\INCLUDE\WINDOWS.INC
INCLUDE \MASM32\INCLUDE\USER32.INC
INCLUDE \MASM32\INCLUDE\KERNEL32.INC
INCLUDE \MASM32\INCLUDE\GDI32.INC
INCLUDELIB \MASM32\LIB\USER32.LIB
INCLUDELIB \MASM32\LIB\KERNEL32.LIB
INCLUDELIB \MASM32\LIB\GDI32.LIB
.DATA
ClassName  db 'SimpleWinClass',0                    ;定义用户的窗口类名
AppName    db 'The First Window',0                  ;窗口标题
.DATA?
hInstance HINSTANCE?                                ;保存应用程序句柄
CommandLine LPSTR?                                  ;保存命令行参数
.CODE
START:
INVOKE GetModuleHandle, NULL                        ;得到应用程序句柄
MOV        hInstance,EAX                            ;保存应用程序句柄
INVOKE     GetCommandLine                           ;得到命令行参数
```

```
MOV      CommandLine,EAX                              ;保存命令行参数
INVOKE   WinMain,hInstance,NULL,CommandLine, SW_SHOWDEFAULT
INVOKE   ExitProcess,EAX                              ;结束程序执行
WinMain PROC
hInst:HINSTANCE,hPrevInst:HINSTANCE,CmdLine:LPSTR,CmdShow:DWORD
LOCAL wc:WNDCLASSEX                                   ;窗口注册类结构变量
LOCAL msg:MSG                                         ;消息结构变量
LOCAL hwnd:HWND                                       ;本窗口句柄
;-----------------------------------------------------------------
;注册窗口类
;-----------------------------------------------------------------
MOV      wc.cbSize,SIZEOF WNDCLASSEX                  ;结构大小
MOV      wc.style, CS_HREDRAW or CS_VREDRAW           ;窗口外型风格
MOV      wc.lpfnWndProc, OFFSET WndProc               ;设置窗口消息处理过程
MOV      wc.cbClsExtra,NULL
MOV      wc.cbWndExtra,NULL
PUSH     hInst
POP      wc.hInstance                                 ;设置应用程序句柄
MOV      wc.hbrBackground,COLOR_WINDOW+1              ;设置窗口背景色
MOV      wc.lpszMenuName,NULL
MOV      wc.lpszClassName,OFFSET ClassName            ;设置窗口类名
INVOKE   LoadIcon,NULL,IDI_APPLICATION
MOV      wc.hIcon,eax                                 ;设置窗口程序的图标
MOV      wc.hIconSm,eax                               ;设置窗口标题栏中的小图标
INVOKE   LoadCursor,NULL,IDC_ARROW
MOV      wc.hCursor,eax                               ;设置在该窗口显示的光标形状
INVOKE   RegisterClassEx, addr wc                     ;注册用户定义窗口类
;-----------------------------------------------------------------
;创建窗口
;-----------------------------------------------------------------
INVOKE CreateWindowEx, NULL, addr ClassName, ADDR AppName, \ WS _ OVERLAPPEDWINDOW, CW _
USEDEFAULT,\CW_USEDEFAULT,CW_USEDEFAULT,CW_USEDEFAULT,NULL,NULL,\hInst,NULL
MOV      hwnd,EAX                                     ;保存窗口句柄
INVOKE ShowWindow, hwnd,SW_SHOWNORMAL                 ;显示窗口
INVOKE UpdateWindow, hwnd                             ;刷新窗口
;-----------------------------------------------------------------
;进入消息循环
;-----------------------------------------------------------------
.WHILE TRUE
    INVOKE GetMessage, ADDR msg,NULL,0,0
    .BREAK .IF (!EAX)
    INVOKE TranslateMessage,ADDR msg
    INVOKE DispatchMessage, ADDR msg
.ENDW
```

```
MOV  EAX,msg.wParam
RET
WinMain ENDP
;-------------------------------------------------------------------
;处理消息的窗口过程
;-------------------------------------------------------------------
WndProc PROC hWnd:HWND, uMsg:UINT, wParam:WPARAM,
lParam:LPARAM
IF uMsg==WM_DESTROY                          ;如果用户关闭窗口,则进行退出处理
  INVOKE PostQuitMessage,NULL                ;发出退出程序的消息
.ELSE
  INVOKE DefWindowProc,hWnd,uMsg,wParam,lParam
  RET
.ENDIF
XOR  EAX,EAX                                 ;正常结束时返回代码为 0
RET
WndProc ENDP
END START
```

4. 实验项目

【实验 4.3.1】 显示了一个标准 Windows 窗口,窗口标题为"I am a student"。

4.4 字符串显示程序设计

1. 实验说明

Windows 中显示的字符串是一个 GUI(图形用户界面)对象。每一个字符实际上是由许多像素点组成的。在客户区显示字符串前,必须从 Windows 那里得到客户区的大小、字体、颜色和其他 GUI 对象的属性;另外还必须得到一个"设备环境(DC)"的句柄。所谓"设备环境",其实是由 Windows 内部维护的一个数据结构。一个"设备环境"和一个特定的设备相连,像打印机和显示器。对于显示器来说,"设备环境"和一个个特定的窗口相连。要想得到一个"设备环境"的句柄,通常有以下几种方法。

① 在 WM_PAINT 消息中使用 call BeginPaint;

② 在其他消息中使用 call GetDC;

③ call CreateDC 建立自己的 DC。

在 Windows 发送 WM_PAINT 消息时处理绘制客户区,Windows 不会保存客户区的内容,它用的方法是"重绘"机制(譬如当客户区刚被另一个应用程序的客户区覆盖),Windows 会把 WM_PAINT 消息放入该应用程序的消息队列。

下面是响应该消息的步骤:

① 取得"设备环境"句柄;

② 得到客户区的大小等属性；

③ 显示字符串；

④ 释放“设备环境”句柄。

2. 实验目的和要求

掌握Win32汇编程序设计中窗口客户区显示字符串的原理；掌握Win32字符串显示程序的编写。

3. 实验示例

【例4.4.1】 编写Win32程序，实现在窗口客户区的中心显示一行“The second Win32 Program”。

【程序流程图】

主程序流程图请参考图4.3，窗口过程流程图如图4.4所示。

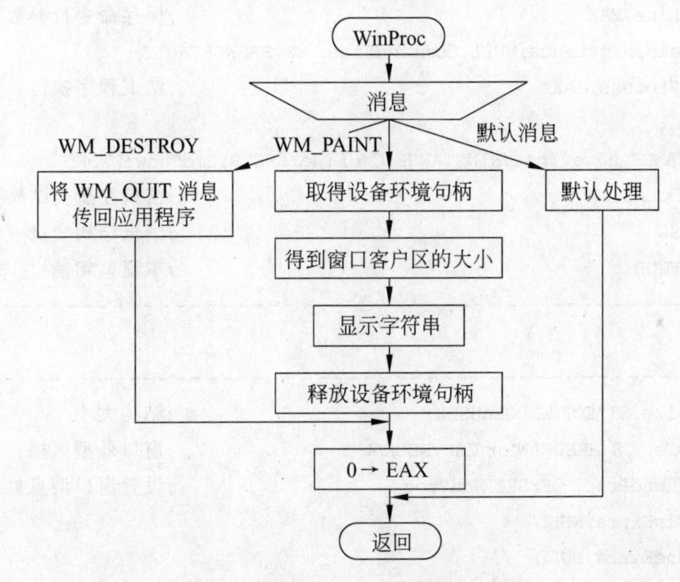

图4.4 例4.4.1窗口过程流程图

【程序清单】

```
;FILENAME: EXA441.ASM
.486
.MODEL FLAT,STDCALL
OPTION CASEMAP:NONE
WinMain PROTO: DWORD,: DWORD,: DWORD,: DWORD
INCLUDE \MASM32\INCLUDE\WINDOWS.INC
INCLUDE \MASM32\INCLUDE\USER32.INC
INCLUDE \MASM32\INCLUDE\KERNEL32.INC
INCLUDE \MASM32\INCLUDE\GDI32.INC
```

```
INCLUDELIB \MASM32\LIB\USER32.LIB
INCLUDELIB \MASM32\LIB\KERNEL32.LIB
INCLUDELIB \MASM32\LIB\GDI32.LIB
.DATA
ClassName  db 'SimpleWinClass',0                          ;定义用户的窗口类名
AppName    db 'The Second Window',0                       ;窗口标题
OurText    db " The Second Win32 Program",0               ;显示字符串
.DATA?
hInstance HINSTANCE?                                      ;保存应用程序句柄
CommandLine LPSTR?                                        ;保存命令行参数
.CODE
START:
INVOKE GetModuleHandle, NULL                              ;得到应用程序句柄
MOV hInstance,EAX                                         ;保存应用程序句柄
INVOKE GetCommandLine                                     ;得到命令行参数
MOV CommandLine,EAX                                       ;保存命令行参数
INVOKE WinMain,hInstance,NULL,CommandLine, SW_SHOWDEFAULT
INVOKE ExitProcess,EAX                                    ;结束程序执行
WinMain PROC
hInst:HINSTANCE,hPrevInst:HINSTANCE,CmdLine:LPSTR,CmdShow:DWORD
LOCAL wc:WNDCLASSEX                                       ;窗口注册类结构变量
LOCAL msg:MSG                                             ;消息结构变量
LOCAL hwnd:HWND                                           ;本窗口句柄
;-----------------------------------------------------------------------
;注册窗口类
;-----------------------------------------------------------------------
MOV   wc.cbSize,SIZEOF WNDCLASSEX                         ;结构大小
MOV   wc.style, CS_HREDRAW or CS_VREDRAW                  ;窗口外型风格
MOV   wc.lpfnWndProc, OFFSET WndProc                      ;设置窗口消息处理过程
MOV   wc.cbClsExtra,NULL
MOV   wc.cbWndExtra,NULL
PUSH  hInst
POP   wc.hInstance                                        ;设置应用程序句柄
MOV   wc.hbrBackground,COLOR_WINDOW+1                     ;设置窗口背景色
MOV   wc.lpszMenuName,NULL
MOV   wc.lpszClassName,OFFSET ClassName                   ;设置窗口类名
INVOKE LoadIcon,NULL,IDI_APPLICATION
MOV   wc.hIcon,eax                                        ;设置窗口程序的图标
MOV   wc.hIconSm,eax                                      ;设置窗口标题栏中的小图标
INVOKE LoadCursor,NULL,IDC_ARROW
MOV   wc.hCursor,eax                                      ;设置在该窗口显示的光标形状
INVOKE RegisterClassEx, addr wc                           ;注册用户定义窗口类
;-----------------------------------------------------------------------
;创建窗口
```

```
;------------------------------------------------------------
INVOKE CreateWindowEx, NULL, addr ClassName, ADDR AppName, \ WS _ OVERLAPPEDWINDOW, CW_
USEDEFAULT,\CW_USEDEFAULT,CW_USEDEFAULT,CW_USEDEFAULT,NULL,NULL,\hInst,NULL
MOV  hwnd,EAX                                          ;保存窗口句柄
INVOKE ShowWindow, hwnd,SW_SHOWNORMAL                  ;显示窗口
INVOKE UpdateWindow, hwnd                              ;刷新窗口
;------------------------------------------------------------
;进入消息循环
;------------------------------------------------------------
.WHILE TRUE
    INVOKE GetMessage, ADDR msg,NULL,0,0
    .BREAK .IF (!EAX)
    INVOKE TranslateMessage,ADDR msg
    INVOKE DispatchMessage, ADDR msg
.ENDW
MOV EAX,msg.wParam
RET
WinMain ENDP
;------------------------------------------------------------
;处理消息的窗口过程
;------------------------------------------------------------
WndProc PROC hWnd:HWND, uMsg:UINT, wParam:WPARAM,
lParam:LPARAM
LOCAL hdc: HDC
LOCAL ps: PAINTSTRUCT
LOCAL rect: RECT
.IF uMsg==WM_DESTROY
    INVOKE PostQuitMessage,NULL
.ELSEIF uMsg==WM_PAINT
    INVOKE BeginPaint,hWnd, ADDR ps                    ;取得"设备环境"句柄
    MOV  hdc,eax
    INVOKE GetClientRect,hWnd, ADDR rect               ;得到窗口客户区的大小
    INVOKE DrawText, hdc,ADDR OurText,-1,\             ;调用函数显示字符串
    ADDR rect, DT_SINGLELINE or DT_CENTER or DT_VCENTER ;
    INVOKE EndPaint,hWnd, ADDR ps                      ;释放"设备环境"句柄
.ELSE
    INVOKE DefWindowProc,hWnd,uMsg,wParam,lParam
    RET
.ENDIF
XOR  EAX,EAX                                           ;正常结束时返回代码为 0
RET
WndProc ENDP
END START
```

4. 实验项目

【实验 4.4.1】 显示了一个标准 Windows 窗口，窗口标题为“The First Window”，并在窗口客户区的左上角显示一行自定义的字符串。

4.5 消息处理程序设计

1. 实验说明

Windows 窗口程序采用的是消息驱动程序设计方法。所有的用户操作，如用户按键、鼠标移动、选择菜单和拖动窗口等都是通过消息来传给应用程序的，应用程序中由窗口过程接收消息并处理。窗口过程的运行过程如下：

① 当用户进行操作时，Windows 会将以消息的形式记录下来的这些操作送到系统的消息队列中；

② 检查该消息发生在哪个应用程序窗口范围，将这个消息送到该应用程序的消息队列中；

③ 应用程序会不断地执行消息循环过程，当执行到 GetMessage 函数时，该函数会从应用程序消息队列中取出一条消息到应用程序；

④ 应用程序用 TranslateMessage 函数对这条消息进行预处理，再调用 DispatchMessage 函数将这条消息的有关信息作为参数传递给窗口过程，并回调窗口过程对消息进行处理。窗口过程对消息处理结束，又返回到 DispatchMessage 函数代码段中。执行完 DispatchMessage 函数后，又回到应用程序的消息循环中，继续下一次消息循环。

可以把键盘看成是字符输入设备。每当按下一个键时，Windows 发送一个 WM_CHAR 消息给有输入焦点的应用程序，程序员只需要在过程中处理 WM_CHAR。同样，Windows 将捕捉鼠标动作并把它们发送到相关窗口。这些活动包括左、右键按下、移动、双击等。对鼠标的每一个按钮都有两个消息：WM_LBUTTONDOWN，WM_RBUTTONDOWN。对于三键鼠标还会有 WM_MBUTTONDOWN 和 WM_MBUTTONUP 消息，当鼠标在某窗口客户区移动时，该窗口将接收到 WM_MOUSEMOVE 消息。

2. 实验目的和要求

掌握 Win32 汇编程序设计中消息的截获和处理原理；掌握消息处理程序的编写。

3. 实验示例

【例 4.5.1】 等待左键按下消息，在鼠标按下的位置显示一个字符串“Mouse Test Program”。

【程序流程图】

主程序流程图请参考图 4.3，窗口过程流程图如图 4.5 所示。

【程序清单】

```
;FILENAME: EXA451.ASM
```

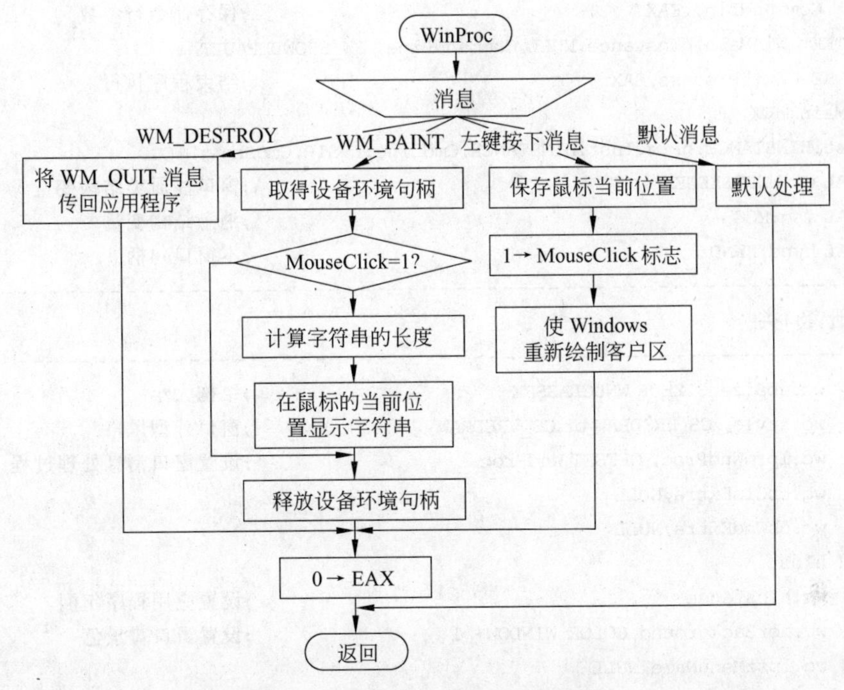

图 4.5　例 4.5.1 窗口过程流程图

```
.486
.MODEL FLAT,STDCALL
OPTION CASEMAP:NONE
WinMain PROTO: DWORD,: DWORD,: DWORD,: DWORD
INCLUDE \MASM32\INCLUDE\WINDOWS.INC
INCLUDE \MASM32\INCLUDE\USER32.INC
INCLUDE \MASM32\INCLUDE\KERNEL32.INC
INCLUDE \MASM32\INCLUDE\GDI32.INC
INCLUDELIB \MASM32\LIB\USER32.LIB
INCLUDELIB \MASM32\LIB\KERNEL32.LIB
INCLUDELIB \MASM32\LIB\GDI32.LIB
.DATA
ClassName  db 'SimpleWinClass',0                        ;定义用户的窗口类名
AppName    db 'Mouse Test Program',0                    ;窗口标题
MouseClick db 0                                         ;0 表示还没有按键按下
.DATA?
hInstance HINSTANCE?                                    ;保存应用程序句柄
CommandLine LPSTR?                                      ;保存命令行参数
hitpoint POINT <>                                       ;保存鼠标的位置
.CODE
START:
INVOKE GetModuleHandle, NULL                            ;得到应用程序句柄
MOV  hInstance,EAX                                      ;保存应用程序句柄
INVOKE  GetCommandLine                                  ;得到命令行参数
```

```
MOV  CommandLine,EAX                                     ;保存命令行参数
INVOKE  WinMain,hInstance,NULL,CommandLine, SW_SHOWDEFAULT
INVOKE  ExitProcess,EAX                                  ;结束程序执行
WinMain PROC
hInst:HINSTANCE,hPrevInst:HINSTANCE,CmdLine:LPSTR,CmdShow:DWORD
LOCAL wc:WNDCLASSEX                                      ;窗口注册类结构变量
LOCAL msg:MSG                                            ;消息结构变量
LOCAL hwnd:HWND                                          ;本窗口句柄
;-------------------------------------------------------------------
;注册窗口类
;-------------------------------------------------------------------
MOV  wc.cbSize,SIZEOF WNDCLASSEX                         ;结构大小
MOV  wc.style, CS_HREDRAW or CS_VREDRAW                  ;窗口外型风格
MOV  wc.lpfnWndProc, OFFSET WndProc                      ;设置窗口消息处理过程
MOV  wc.cbClsExtra,NULL
MOV  wc.cbWndExtra,NULL
PUSH hInst
POP  wc.hInstance                                        ;设置应用程序句柄
MOV  wc.hbrBackground,COLOR_WINDOW+ 1                    ;设置窗口背景色
MOV  wc.lpszMenuName,NULL
MOV  wc.lpszClassName,OFFSET ClassName                   ;设置窗口类名
INVOKE LoadIcon,NULL,IDI_APPLICATION
MOV  wc.hIcon,eax                                        ;设置窗口程序的图标
MOV  wc.hIconSm,eax                                      ;设置窗口标题栏中的小图标
INVOKE LoadCursor,NULL,IDC_ARROW
MOV  wc.hCursor,eax                                      ;设置在该窗口显示的光标形状
INVOKE  RegisterClassEx, addr wc                         ;注册用户定义窗口类
;-------------------------------------------------------------------
;创建窗口
;-------------------------------------------------------------------
INVOKE CreateWindowEx, NULL, addr ClassName, ADDR AppName, \ WS _ OVERLAPPEDWINDOW, CW_
USEDEFAULT,\CW_USEDEFAULT,CW_USEDEFAULT,CW_USEDEFAULT,NULL,NULL,\hInst,NULL
MOV  hwnd,EAX                                            ;保存窗口句柄
INVOKE ShowWindow, hwnd,SW_SHOWNORMAL                    ;显示窗口
INVOKE UpdateWindow, hwnd                                ;刷新窗口
;-------------------------------------------------------------------
;进入消息循环
;-------------------------------------------------------------------
.WHILE TRUE
    INVOKE GetMessage, ADDR msg,NULL,0,0
.BREAK .IF (!EAX)
    INVOKE TranslateMessage,ADDR msg
    INVOKE DispatchMessage, ADDR msg
.ENDW
MOV EAX,msg.wParam
RET
```

```
WinMain ENDP
;-------------------------------------------------------------
;处理消息的窗口过程
;-------------------------------------------------------------
WndProc PROC hWnd:HWND, uMsg:UINT, wParam:WPARAM, lParam:LPARAM
LOCAL hdc:HDC
LOCAL ps:PAINTSTRUCT
.IF uMsg==WM_DESTROY
    INVOKE PostQuitMessage,NULL
.ELSEIF uMsg==WM_LBUTTONDOWN
    MOV EAX,lParam
    AND EAX,0FFFFh
    MOV hitpoint.x,EAX                    ;保存鼠标的当前位置
    MOV EAX,lParam
    SHR EAX,16
    MOV hitpoint.y,eax
    MOV MouseClick,TRUE                   ;表示至少有一次在客户区的左键按下消息
    INVOKE InvalidateRect,hWnd,NULL,TRUE ;
.ELSEIF uMsg==WM_PAINT
    INVOKE BeginPaint,hWnd, ADDR ps
    MOV hdc,eax
    .IF MouseClick
        INVOKE lstrlen,ADDR AppName       ;计算字符串的长度
        INVOKE TextOut,hdc,hitpoint.x,hitpoint.y,ADDR AppName,eax
    .ENDIF
    INVOKE EndPaint,hWnd, ADDR ps
.ELSE
    INVOKE DefWindowProc,hWnd,uMsg,wParam,lParam
RET
.ENDIF
XOR  EAX,EAX
RET
WndProc ENDP
END START
```

4. 实验项目

【实验 4.5.1】 显示了一个标准 Windows 窗口，窗口标题为“The First Window”，并在窗口客户区的左上角显示键入字符。

第5章 chapter 5

PD-32 微机教学实验系统

5.1 PD-32 微机教学实验系统结构

本书大部分硬件实验是在南京邮电大学和福州德昌电子有限公司联合研制的教学实验设备——"PD-32 开放式微型计算机教学实验系统"上进行的。该实验系统是一个自带 Intel80486 CPU、采用类 PCI 总线且不需要系统机硬件资源的系统，为高校开展 32 位微机原理与接口技术的硬件实验提供了一个先进、安全和高效的实验教学平台。本教学实验系统具有以下特点：

① 采用系统机—实验装置二级结构，通过系统机软件对实验装置进行全程监控。

② 采用类 PCI 总线技术，提高实验的灵活性。

③ 实验内容丰富，提供并、串、定时计数、模数/数模、存储器、DMA、保护模式等实验。

④ 采用接线柱接线方式，提高系统可靠性和实验效率。

⑤ 系统采用了具有抗短路、过流的高性能稳压开关电源，从而可以避免学生实验过程中因接线失误而导致的芯片或整个实验台被损坏的情况。

⑥ 采用开放式模块设计，允许任意添加实验功能模块，可扩展性好。

⑦ 模块功能独立，可以任意组合各模块进行综合性实验。

1. 基本组成和功能

图 5.1 是 PD-32 开放式微型计算机教学实验系统的结构示意图。通过串行总线与专用的通信规约实现系统 PC 机与实验装置之间的全双工通信。

1）系统机

以 Windows xx 为操作系统的任一款 PC 机均可作为系统机。系统机可安装专门配备的界面美观、使用方便、人机交互友好的系统机软件。在该软件环境下，用户可以方便地对汇编程序进行编辑、汇编和链接等操作，并能把所生成的可执行文件下载到实验装置，然后用户就可以控制实验装置程序的运行，并及时看到实验装置送

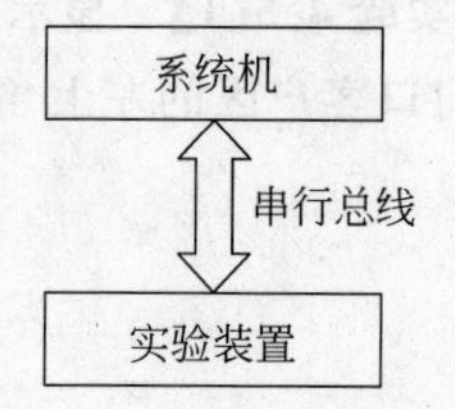

图 5.1 PD-32 开放式微型计算机教学实验系统的结构

回的实时状态和数据。

2）实验装置

实验装置是一具有开放式结构的系统，其基本组成如图 5.2 所示。线框内是以 32 位微处理器Intel 486 为中心的主机系统。主机系统包括复杂的机器控制逻辑和用于与系统机通信的串行输入/输出接口 SIO，ROM 中存储了用于管理实验装置的 PD-Monitor 监控程序，32KB 的 RAM 主要用于存储系统机下载的可执行文件。在系统机全程控制下，实验装置能对下载于 RAM 中的可执行文件实现单步运行、断点运行和全速运行的功能；它还能把运行的实时数据和状态及时地送往系统机，并在系统机的显示器上显示出来。

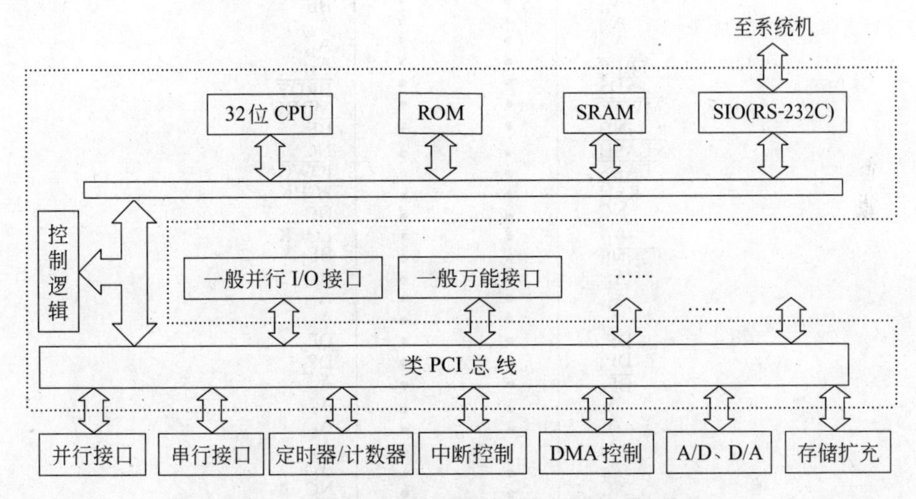

图 5.2 PD-32 开放式微型计算机教学实验装置

参照 PCI 总线标准而设计的类 PCI 总线是主机系统面向用户的总线接口，类 PCI 总线定义如图 5.3 所示。这种参照现有总线标准的总线设计方法的采用避免了总线设计过程中可能出现的电气复杂性问题，从而保证实验装置良好的电气性能。类 PCI 总线实现了实验装置的开放特性，部件(接口)板只要符合类 PCI 总线的引脚定义，都可以在实验装置上工作。虚线框外的所有方框都是与实验相关的系统功能扩展部件和 I/O 接口部件，统称为实验模块，它们各自独立，自成一体，适合于单元实验。另外，PD-32 实验装置提供一个类 PCI 锁紧插座(每个类 PCI 锁紧插座 144 引脚)，以提供用户进行自行开发。由于 PD-32 实验装置自身具有 CPU，因而在其上可以设置系统级寄存器(控制寄存器、系统地址寄存器)，真正地运行用户所设计的保护虚拟地址模式的系统程序。

2. 主要技术特性

CPU 时钟：24.576 MHz；

4 片 SRAM 芯片组成 32KB 随机存储器(具有 8、16、32 位数据宽度)；

类 PCI 总线的驱动能力：≥24mA；

电源采用高可靠的稳压开关电源；

输入：AC220V；

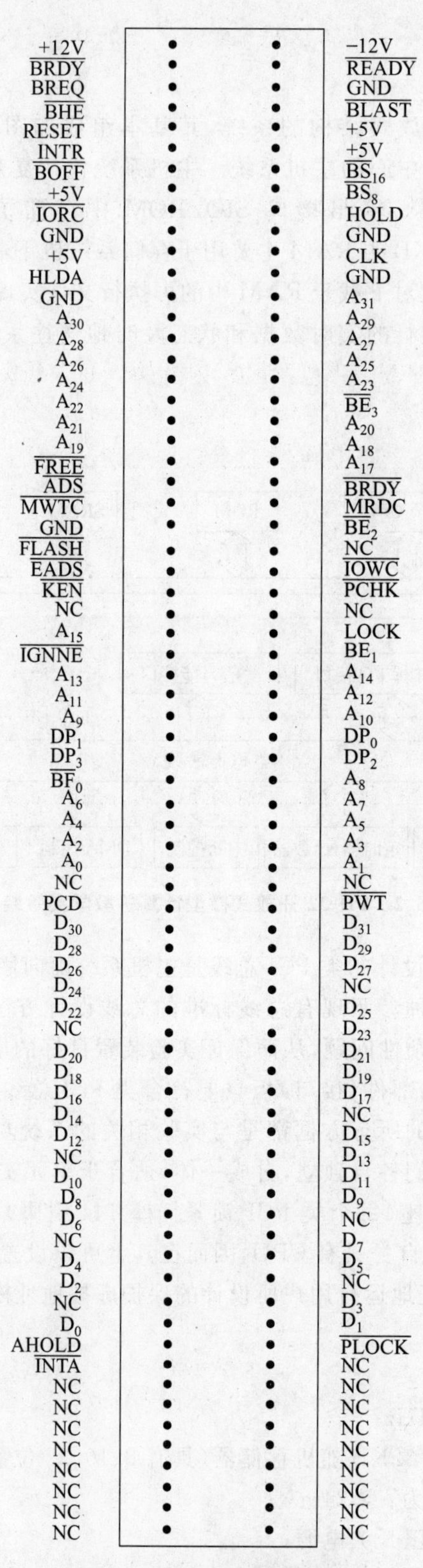

图 5.3　类 PCI 总线结构图

输出：DC＋5V/2.5A、＋12V/0.3A、－12V/0.3A；功率：30W；

尺寸：420×290×90；

重量：2.5kg。

5.2 PD-32微机教学实验系统资源

1. 实验装置主机系统

主机系统由32位的80486CPU、存储器、串行接口和一条类PCI总线组成。存储器中的ROM用于存放实验装置主机系统的监控管理程序；存储器中的RAM可以装载来自于上位机的可执行应用程序的代码；串行接口用于连接实验装置系统和上位机；类PCI总线紧锁插槽可以实现实验模块与实验主机系统的连接。系统共有32KB的RAM空间，地址范围为0000～7FFFH，其中0～03FFH为中断向量空间，0400H～0FFFH属于系统监控程序空间，剩下的1000H～7FFFH为用户使用空间。

由于实验装置没有安装BIOS程序和DOS操作系统，因此BIOS程序和DOS操作系统提供的所有功能调用在这里都不能使用。但实验装置中固化的系统监控程序，提供实模式下的12号中断(INT 12)为用户在8255模块上显示字符。由于数码管显示的字符有限，只能显示字母和数字。使用时参数设置具体如下。

① 待显字符的ASCII码直接放在寄存器AX中，并将寄存器CH清0，这种方式只能显示两个字符，颜色固定为红色。

例如：

```
MOV AX,'AB'
MOV CH,0
INT 12
```

② 待显字符(串)放在内存中，然后将字符(串)的首地址放到寄存器AX中，寄存器CH、CL分别存放字符显示的颜色和待显字符(串)的长度。要求字符串长度不大于8，超过的部分不予显示(05H为红色，0AH为绿色，00H为黄色)。

例如：

```
MOV AX,   OFFSET STRING1
MOV CH,   0AH
MOV CL,   LENGTH STRING1
INT 12
```

注意：实模式下的第0、1、2、3、4、11、12号中断都由监控程序使用，为了程序能正常运行，不要使用这些中断。

2. 实验模块

实验模块包含了微型计算机系统接口实验中的一些常规接口模块，包括定时器/计数器、异步串行通信、并行通信、A/D、D/A 转换、中断、存储器扩充和 DMA 等。在每个实验模块的基础上可以开设多个同类型的实验，并允许组合多个实验模块开设大型综合设计性实验。PD-32 实验装置模块分布如图 5.4 所示。

地址	存储空间
0000H～03FFH	中断向量表
0400H～0FFFH	系统监控程序
1000H～7FFFH	用户使用空间

图 5.4 实验装置的存储空间

由图 5.5 可以看出，本实验装置采用模块化的结构，每一个模块都分离出来，实现最基本的功能。通过各模块中的插孔，用户可以任意利用小模块搭建自己的实验系统。并且，用户还可以利用类 PCI 总线插槽，无限地扩展功能实验。

8 个发光二极管	8251 串行通信模块	8 个双色数码管	或门逻辑
8254(或 8253) 定时器/计数器模块	分频电路	8255 并行接口模块	非门逻辑 字节选择
小键盘	74 系列模块	8位与32位 存储器扩充模块	DMA 模块
8259 中断模块	CS-1 CS-2 CS-3 CS-4 I/O 端口地址 CS_1(300H) CS_2(320H) CS_3(340H) CS_4(360H) CS_5(380H) CS_6(3A0H) CS_7(3C0H) CS_8(3E0H)	类 PCI 总线插槽	
A/D、D/A 模数、数模转换模块		地址译码模块	
脉冲信号发生器	模拟信号发生器	电源显示 复位按钮 下载显示	

图 5.5 PD-32 实验装置模块分布图

3. I/O 端口地址

系统板上提供给用户的 I/O 端口地址如表 5.1 所示。I/O 口地址共分为 8 组，在实验装置上每一组都有一个引出插孔，实验时只要用导线将任意插孔信号引导实验电路的 CS 端即可。另外还需说明的是，在寻址 I/O 端口时，片选 CS 信号有效，用来选择某一芯片，而地址线 A_3 和 A_2 固定接到接口芯片(如 8253、8255)的 A_1 和 A_0 引脚，用来选择芯片内部的寄存器，例如将 CS_1 译码输出接到实验电路 8254(或 8253)的 CS 端，则：

表 5.1 I/O 译码信号

CS_1-300H	CS_2-320H	CS_3-340H	CS_4-360H
CS_5-380H	CS_6-3A0H	CS_7-3C0H	CS_8-3E0H

0 号计数器的口地址＝300H， 1 号计数器的口地址＝304H，

2 号计数器的口地址＝308H， 控制端口的口地址＝30CH。

I/O 寻址是利用地址信号，通过译码电路实现的。地址译码电路就是能对某一特定地址信号的输入产生一个用以选择某个对象的信号，即片选信号的逻辑电路。本实验装置的译码部分采用可编程器件 GAL 来实现，在了解 GAL 的原理后，用户也可以根据实验原理图提供的 GAL 连线自行编程。可编程器件 GAL 的编程请参考其他教材。

本实验装置共有 3 部分用到 GAL，其中模块 8259、8255、8254(或 8253)8251、键盘和 ADDA 共用一个译码电路；内存扩充及 DMA 模块共用 1 片 GAL16V8B。由于 PD-32 装置的片选信号都是低电平有效，以下 GAL 的基本逻辑表达式设计都是负逻辑输出。下面是本实验装置用到的 GAL 的内容，供用户参考。

1) 8255 等的译码器

译码器原理图如图 5.6 所示。由于 8255 涉及 32 位数据的同时传送及 8 位数据独立工作的问题，需要用 BE_3～BE_0 来确定在当前的操作中所涉及的 32 位数据线中的哪 8 位。80486 微处理器规定：BE_0 对应于数据线 D_7～D_0；BE_1 对应于数据线 D_{15}～D_8；BE_2 对应于数据线 D_{23}～D_{16}；BE_3 对应于数据线 D_{31}～D_{24}。因此在进行 GAL 的逻辑设计时分别用 BE_3～BE_0 参与 4 个逻辑表达式的运算，产生对应于不同 8 位的片选信号。所以将 GAL20V8B 的第 19 脚(CS-1)、第 20 脚(CS-2)、第 21 脚(CS-3)、第 22 脚(CS-4)固定为 8255 的片选信号输出端，GAL16V8B 的 8 个输出信号可任选作为其他模块的片选信号。

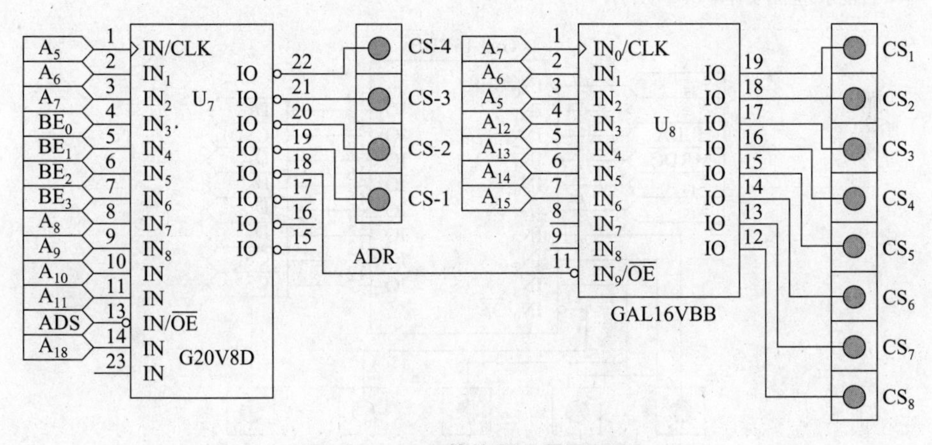

图 5.6 8255 等的译码器原理图

```
GAL16V8B
BASIC GATES
HYX
BGATES
A5 A6 A7 A12 A13 A14 A15 NC NC GND
ADR CS8 CS7 CS6 CS5 CS4 CS3 CS2 CS1 VCC
CS1= A5+ A6+ A7+ A12+ A13+ A14+ A15+/ADR
CS2= /A5+ A6+ A7+ A12+ A13+ A14+ A15+/ADR
```

```
CS3=A5+/A6+A7+A12+A13+A14+A15+/ADR
CS4=/A5+/A6+A7+A12+A13+A14+A15+/ADR
CS5=A5+A6+/A7+A12+A13+A14+A15+/ADR
CS6=/A5+A6+/A7+A12+A13+A14+A15+/ADR
CS7=A5+/A6+/A7+A12+A13+A14+A15+/ADR
CS8=/A5+/A6+/A7+A12+A13+A14+A15+/ADR
DESCRIPTION
GAL20V8A
BASIC GATES
cebai
BGATES
A5 A6 A7 BE0 BE1 BE2 BE3 A8 A9 A10 A11 GND
NC  /ADS NC NC NC ADR CS1 CS2 CS3 CS4 NC VCC
ADR=A8 * A9 * /A10 * /A11
CS1=A5+A6+A7+A8+/A9+A10+A11+BE0
CS2=A5+A6+A7+A8+/A9+A10+A11+BE1
CS3=A5+A6+A7+A8+/A9+A10+A11+BE2
CS4=A5+A6+A7+A8+/A9+A10+A11+BE3
DESCRIPTION
```

2）MDMA 等的译码器

译码器原理图如图 5.7 所示。

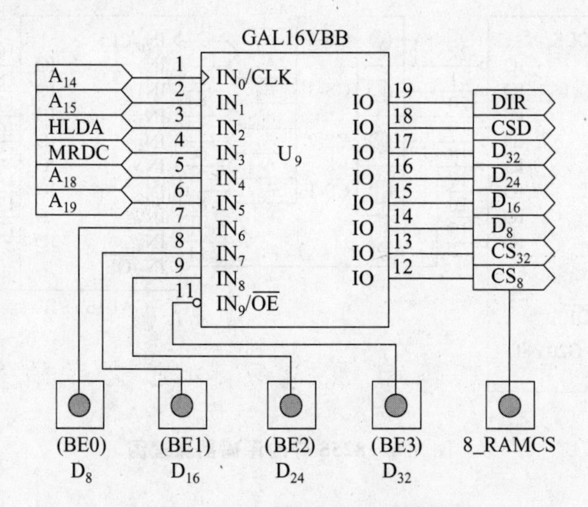

图 5.7　MDMA 等的译码器原理图

```
GAL 16V8A
ADDR MDMA
HL
A-MDMA
A14 A15 HLD M_R A18 A19 BE0 BE1 BE2 GND
BE3 CS8 CS32 D8 D16 D24 D32 CSD DIR VCC
```

```
CS8=A19*/HLD+/HLD*/A18+/A15+A14
CS32=/A19*A18*/A15
CSD=A15+/A14
DIR=M_R+A19+/A18+/A15+A14
D8=BE0
D16=/BE0+BE1
D24=/BE0+/BE1+BE2
D32=/BE0+/BE1+/BE2+BE3
DESCRIPTION
```

4. 分频电路

实验装置的分频电路由74HC393组成，可完成8级分频(分频系数是2^i，$1 \leqslant i \leqslant 8$)，输入频率CLK＝12MHz，可提供频率为6M、3M、1.5M、0.75M、0.375M、0.1875M、93.75K、46.875K的时钟信号，主要提供8254(或8253)，8251等模块使用。分频电路原理图如图5.8所示。

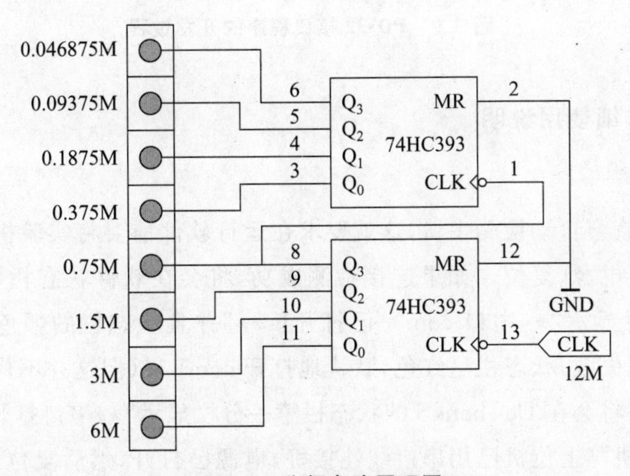

图5.8 分频电路原理图

5.3 上位机系统软件的使用说明

1. 概述

上位机系统软件是为了在PD-32实验装置运行汇编程序而开发的上位机多窗口源程序级开发调试软件。它的多窗口技术为用户提供了一个极为友好而方便的人机界面，极大地方便了程序的修改和调试。

1) 软件的运行环境及安装启动

(1) 环境要求

PC系列微机，Windows操作系统。

(2) 系统安装启动

将 Tasm. exe、Tlink. exe、Bcc. exe、Dpmiload. exe、Dpmimem. dll、Tdump. exe、DeChangS. exe 及该帮助文件 Help 8 个文件，加上 C 语言编译器的 2 个文件夹 Include 和 Lib 存放在同一目录下，运行 DeChangS. exe 即可。

2) 硬件安装

在保证电源断掉的前提下，先将实验装置和上位 PC 之间的 RS-232 通信电缆安装连接好，然后打开 PC 的电源和实验装置的电源，启动机器。

3) PD-32 接口实验程序的开发过程

使用本系统进行程序开发的步骤如图 5.9 所示。这个过程由编辑、汇编、链接、下载和调试运行五个步骤构成。

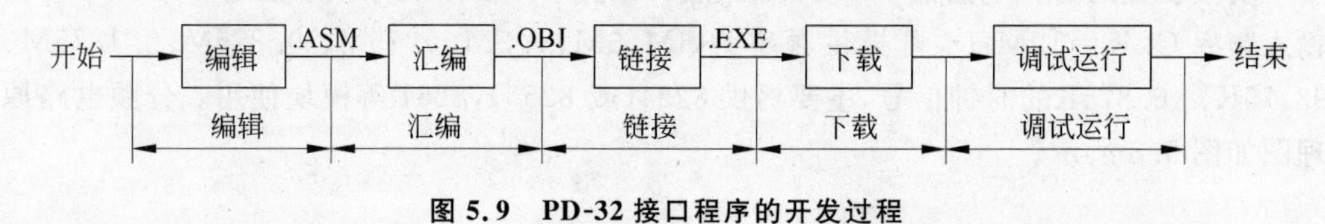

图 5.9　PD-32 接口程序的开发过程

2. 软件的详细使用说明

1) 启动软件

软件一运行就会自动检测串口，这就要求在运行软件前要将实验机与上位机用串口线连接好，并打开电源、复位。如果连接检测成功，将会在软件状态栏(主界面窗口的最下方)的第一分栏显示"**串口 com * 已打开！ **"并且状态栏的颜色为银灰色或者白色；如果连接检测失败，状态栏呈红色，默认地打开 com1 口(但这并不代表实验机已经和 com1 口连接)，并将会在 DeChangS 的状态栏第一分栏显示"**串口打开失败**"，这种情况只要确认实验机与上位机已用串口线连接好，电源已打开，然后复位实验机即可(正常情况下，每次复位后，状态栏的颜色会在银灰色和白色间切换，并在第二分栏显示"**下位机正确复位**")。

另外，下载、单步、全速运行、修改寄存器、修改存储器、修改堆栈以及实验机回显等操作的相关信息都会在状态栏的第二分栏上显示；第三分栏则专用于显示编辑区光标的当前位置；第四分栏用于显示当前正在编辑的文件路径。

2) 主界面

主界面窗口如图 5.10 所示，主要由编辑/调试区、寄存器区和输出/内存区组成。

(1) 编辑/调试区

该区位于界面左上部。用户可用新建命令新建一个新文档或用打开命令打开一个已存在的文档(如果该源文件已经汇编链接过，则与它相应的 EXE 文件也一起被打开，此时工具栏上的下载键是活动的，否则下载键是禁止的)。对于新编写的源程序需要经过汇编、链接后，用户才能进行程序的下载、单步等调试操作。

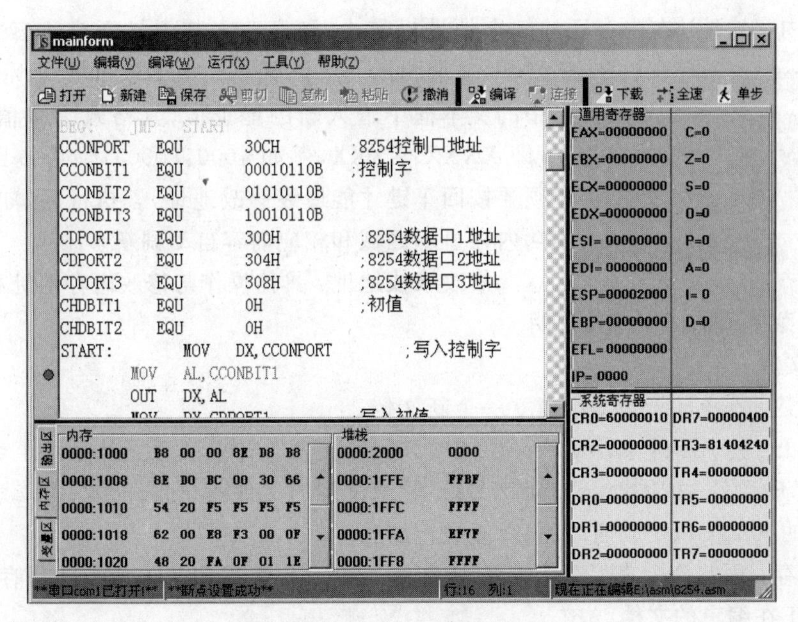

图 5.10 主界面窗口

(2) 寄存器区

该区位于界面右半部,包括通用寄存器和系统寄存器,用于实时监视实验机各个寄存器的变化,其中通用寄存器区的寄存器值允许修改,由于系统寄存器如果修改不慎容易造成实验机瘫痪,这部分的寄存器不能修改(该部分寄存器更多的是用于保护模式)。

修改通用寄存器值:只要双击相应寄存器的右边(例如,修改 EAX=00000000,双击位置应该是 00000000 这部分),此时该寄存器右边的值出现以蓝色为背景的输入焦点,然后填入新值,并回车(必需回车,修改才有效),执行后,如果修改成功寄存器值自动刷新,并且 DeChangS 最下方的状态条的第 2 格会显示“寄存器修改成功”,否则表示修改操作失败。

(3) 输出/内存区

该区位于界面左下方,包括三个部分:汇编链接输出区、内存和堆栈区、变量区。其中汇编链接输出区用于输出汇编、连接信息,如果汇编时有错误或警告,双击错误或警告信息,错误标识光条会指示到源程序相应的错误或警告的行。内存和堆栈区用于实时监视实验机各个存储单元、变量和堆栈的值,也能够修改它们的值。变量区用于调试 C 语言时显示源程序的各个变量(包括全局变量与局部变量)与实验机的内存或寄存器的对应关系。

下面是修改内存、堆栈区的值和内容的方法。

修改内存的值:需要修改某个存储单元值的时候,只要双击要修改的单元,该单元的背景颜色为深蓝色且有输入焦点,然后输入 2 位 16 进制新值,最后按回车键(必须要按回车键才能最终修改内容)。执行后,如果修改成功存储单元的值自动刷新,并且 DeChangS 最下方的状态条的第 2 格会显示内存修改成功,否则表示修改操作失败。

修改堆栈的值:具体操作与修改存储器内容相同,唯一的差别是这里输入的新值应该是 4 位 16 进制数。

修改内存地址：在内存区的5个地址标签中，随意双击其中一个地址（例如，0000：1000）就会弹出一个对话框（如图5.11所示），在对话框中的文本框中输入新的地址值，其格式为段值：偏移量（即XXXX：XXXX，例如4000：8000），最后按回车键（必须要按回车键才能最终修改地址）。执行后，如果修改成功内存显示区域和相应内容自动刷新。

图5.11　"修改内存地址"对话框

修改堆栈地址：具体操作与修改内存地址相同。

3）各菜单项的详细操作说明

（1）文件

① 新建：在DeChangS中建立一个新文档。

② 打开：打开一个后缀为.asm、.c或.txt源文件。如果该源文件已经汇编、链接过了，则在打开源文件的同时会连同其EXE等调试用的文件一起打开，此时下载菜单项和工具栏中的下载按钮变成活动的，以便进行加载。

③ 保存：用此命令来保存当前正在编辑的文档，也可以用菜单栏上的另存为命令来保存当前正在编辑的文档。

（2）编辑

① 剪切：将当前被选取的数据从文档中删除并放置于剪贴板上。如当前没有数据被选取时，此命令则不可用。

② 复制：用此命令将被选取的数据复制到剪切板上。如当前无数据被选取时，此命令则不可用。

③ 粘贴：将剪贴板上内容的一个副本插入到插入点处。如剪贴板是空的，则此命令不可用。

④ 撤销：撤销文本编辑区的上一个操作。

⑤ 查找：用于查找指定字符串。

（3）编译

① 编译：汇编当前编辑的源程序，在源文件目录下生成目标文件。如果有错误或警告生成，则在输出区显示错误或警告信息，双击错误或警告信息，可定位到有错误或警告的行，修改有错误或警告的行后应重新汇编。如果汇编没有错误发生（即使有警告发生）则链接菜单项和工具栏中的"链接"按钮变成活动的，以便进行链接。编译时自动保存源文件中所做的修改。

② 链接：链接汇编生成的目标文件，在源文件目录下生成可执行文件。如果有错误或警告发生，则在输出区显示错误或警告信息，查看错误或警告信息修改源程序，修改后应重新编译和链接。如果链接没有错误发生（即使有警告发生），则下载键变成活动的，以便进行加载。

（4）运行

① 下载：将打开的EXE文件下载到PD-32实验机。只有当文件下载成功后，各个调试菜单项和相应快捷按钮才处于允许状态，用户方可进行程序的调试。例如断点的设置，程序的运行和单步跟踪等。

② 运行：从当前指令处全速执行程序，遇到断点后，返回监控状态（即上位机能控制实验机的操作，例如，单步、设置断点、修改寄存器值等）。如果没有断点，程序全速运行，直到有暂停命令，或者复位实验机。

③ 单步：程序执行一条指令，如果遇到CALL指令能够跟进子程序内部，随即暂停，等待用户的下一步操作。该命令执行后刷新所有的变量和寄存器的值。

④ 单步（不跟踪子程序）：该命令与上个命令唯一的差别在于对CALL指令的处理。该命令执行CALL的时候，不跟踪相关的子程序。不跟踪的含义是进入相关子程序后，自动地连续执行子程序指令直到返回，所以宏观上看不到跟踪的效果。C语言调试环境、保护模式调试环境下，软件不具备该功能。

⑤ 暂停：程序暂停运行，程序停止后刷新所有寄存器和变量的值。C语言调试环境、保护模式调试环境下，软件不具备该功能。

⑥ 断点：用户可用鼠标设置断点或清除断点，移动鼠标到要设置或清除断点的相应行编辑调试区的最左方的竖条上，然后单击。在设置断点成功时相应行的字体颜色变为红色，若是取消断点则是将字体由红色恢复成黑色。

(5) 设置

① I/O检测。

该命令用于对某个I/O口进行读写，以检测该I/O口的好坏。该命令只有在实验机处于监控状态（即上位机能控制实验机的操作，例如，单步、设置断点、修改寄存器值等）才有效。执行该命令将会弹出图5.12所示的对话框。在对话框的IN/OUT操作区文本框输入I/O口的地址，如果是输出（OUT）还应填写要输出的数据，然后单击相应的执行按钮。例如，执行输入（IN）命令时，则单击对话框左边的IN按钮；执行输出（OUT）命令时，则单击对话框右边的OUT按钮。

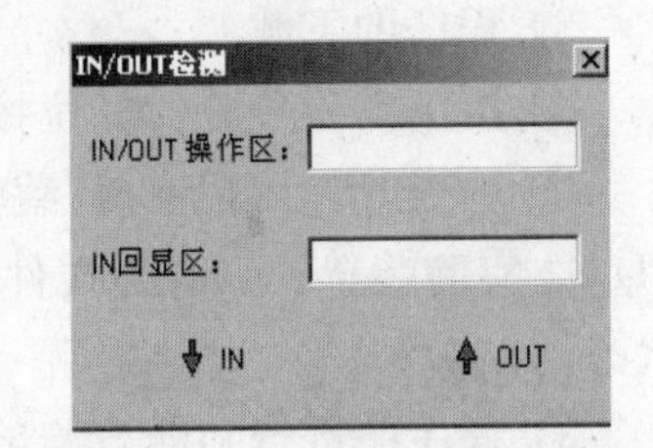

图5.12 “IN/OUT检测”对话框

在IN/OUT操作区文本框输入I/O口的地址应为3位16进制数，如果是输出（OUT）命令还应填入2位16进制的输出值。这样，输出（OUT）命令标准的字符格式应该为5位16进制数（空格键不算）。操作执行后在IN/OUT操作区显示最后执行的字符格式。输入（IN）命令标准的字符格式应该为3位16进制数（空格键不算），操作执行后在IN/OUT操作区显示最后执行的字符格式。另外，执行输入（IN）命令后，读入的数据将显示在对话框的IN回显区。例如，输入200 33然后单击窗口右上方的OUT按钮，就可以在实验机上看到结果。如果是要读端口的当前数据则输入端口号，再单击窗口左上方的IN按钮就能将该端口当前的数据读出，并显示在该窗口下方的IN回显区。

② 汇编语言调试环境设置。

运行系统机软件后默认为汇编语言调试环境。

③ C语言调试环境设置。

如果用户需要的是C语言调试环境，就要选择该菜单项，单击后该菜单项最前面会有一个黑点，表示设置成功。

④ 保护模式调试环境设置。

该命令用于设置保护模式调试环境及保护模式下的全局描述符表寄存器 GDTR、中断描述符表寄存器 IDTR 和一级页表基址寄存器 CR3,以支持系统软件单步调试保护模式实验程序,其对话框如图 5.13 所示。如果不需要单步调试,可以不必设置。

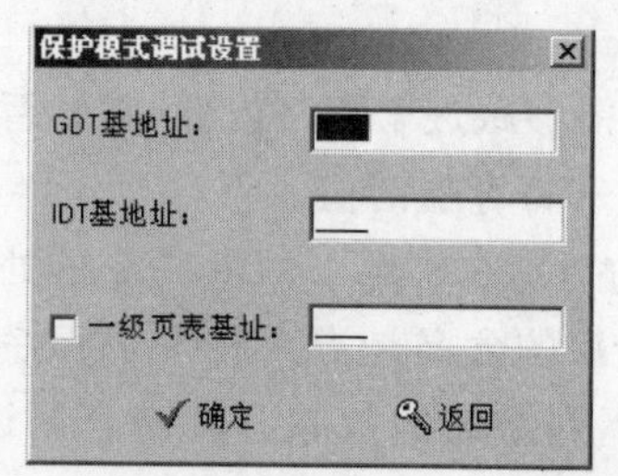

图 5.13 “保护模式调试设置”对话框

在对话框中的文本框分别填入中断描述符表 IDT 和全局描述符表 GDT 的首址并单击“确定”按钮(如果程序是页保护模式,还需要设置一级页表的基址,具体做法是在一级页表基址的右边空白处填入基址,例如 6000H,然后选中一级页表基址前的复选框。

3. 软件使用举例

1) 程序的编辑、汇编和链接

① 单击“文件”|“打开”菜单命令,打开已保存的文件(如 8254.ASM),或单击“文件”|“新建”菜单命令,在编辑/调试区对源程序进行编辑;

② 单击“编译”|“编译”菜单命令,对源文件进行汇编;

③ 如果汇编成功,单击“编译”|“连接”菜单命令,对目标文件进行链接。

2) 程序的下载

① 按下实验装置的复位按钮,复位实验装置;

② 单击“运行”|“下载”菜单命令或快捷按钮,将链接成功的可执行 EXE 文件下载到 PD-32 实验装置。只有当文件下载成功后,各个调试菜单项和相应快捷按钮才处于允许状态。

3) 程序的运行和动态调试

程序的运行:单击“运行”|“全速”菜单命令或快捷按钮,即可开始连续运行程序。

程序的调试:

① 单击“运行”|“单步”菜单命令或快捷按钮,程序单步执行,单步操作依次仅执行一条指令,可帮助用户检查程序的正确性。

② 断点的设置和取消。

设置断点的目的是使程序执行到断点指令时暂停,以便检查结果。

③ 检查单步执行结果。

指令执行后,可能使某些寄存器、状态标志、存储单元和堆栈发生变化。因此用户可在各显示区域查看相应的变化结果,并可根据需要对值进行修改。

第6章 chapter 6

硬件接口实验

本章内容是为"32位微型计算机原理和接口技术"类课程配置的硬件接口实验部分。由于硬件实验是以"PD-32开放式微型计算机教学实验系统"为实验平台，本章的汇编语言程序在结构上和软件部分会略有不同，例如BIOS程序和DOS操作系统提供的所有功能调用在这里都不能使用，对实验装置上系统资源的使用，读者请参考第5章和本章的实验示例。

6.1 计数器/定时器实验

1. 实验说明

本实验中使用的核心器件是8254(或8253)定时器/计数器。

(1) 8254、8253的结构和工作方式

8254和8253都是可编程定时计数器，它们的引脚兼容、功能和使用方法基本相同。8254的最高计数频率为10MHz，8253只有2MHz，8254的比8253的多一个读出命令。

8254和8253内部有3个独立的16位计数器，每个计数器对外有3个引脚，GATE门控信号、CLK计数脉冲输入端、OUT计数器输出端。每个计数器有6种工作方式：方式0～方式5可供选择，其中方式2、3具有初值自动重装功能，因此计数器工作在方式2、3时，输出的是连续信号，输出信号的周期 $T_{out}=N\times T_{CLK}$，N 为计数初值，T_{CLK} 为输入信号的周期。

(2) 8254和8253的控制字和初始化编程

8254和8253初始化编程分两步进行：首先向控制字寄存器写入方式控制字，对使用的计数器规定其工作方式等；然后向使用的计数器端口写入计数初值。

① 8254(或8253)的控制字格式如表6.1所示。

② 8254的读出命令控制字格式如表6.2所示。该控制字能同时锁存几个计数器的计数值和状态信息，D_3 位置1表示锁存的是2号计数器，D_2 位置1表示锁存的是1号计数器，D_0 位置1表示锁存的是0号计数器。注意该控制字只限于8254。

表 6.1　8254(或 8253)方式控制字

D_7	D_6	D_5	D_4	D_3	D_2	D_1	D_0
计数器选择		读写方式选择		工作方式选择			计数码制选择
00—计数器 0 01—计数器 1 10—计数器 2 11—读出控制字标志		00—锁存计数值 01—读/写低 8 位 10—读/写高 8 位 11—先读/写低 8 位 再读/写高 8 位		000—方式 0 001—方式 1 010—方式 2 011—方式 3 100—方式 4 101—方式 5			0—二进制数 1—十进制数

表 6.2　8254 读出命令控制字

D_7	D_6	D_5	D_4	D_3	D_2	D_1	D_0
1	1	0—锁存计数值	0—锁存状态信息	计数器选择			0

读取的状态信息(即状态字)反映了当前计数器的状态,各位的含义如表 6.3 所示。

表 6.3　8254(或 8253)状态字

D_7	D_6	D_5	D_4	D_3	D_2	D_1	D_0
0:OUT 引脚的输出是 0 1:OUT 引脚的输出是 1	计数初值是否装入 1—无效计数　0—计数有效	与方式控制字对应位意义相同					

③ 8254(或 8253)的锁存命令控制字格式如表 6.4 所示。该控制字每次只能锁存一个计数器的当前计数值。

表 6.4　8254(或 8253)的锁存命令字

D_7	D_6	D_5	D_4	D_3	D_2	D_1	D_0
00—锁存 0 号计数器 01—锁存 1 号计数器 10—锁存 2 号计数器 11—非法		0	0	× × × ×			

(3) 8254 在 PC 中的应用

在 PC 系列机中,8254 是 CPU 外围支持电路之一,8254 的口地址为 40H～43H。0 号计数器提供系统时钟中断,1 号计数器提供动态存储器刷新定时信号,2 号计数器为系统扬声器提供音频信号,用户可以通过改变 2 号计数器计数初值的方法,让扬声器发出不同频率的声音,使 PC 完成一首乐曲的演奏。

2. 实验原理

8254(或 8253)定时器/计数器模块如图 6.1 所示。图中 8254(或 8253)数据线已经接至系统数据总线 D_0～D_7,8254(或 8253)的 A_0、A_1 引出接插口,由学生连线。实验机上已经将地址总线的 A_2、A_3、A_4 引出接插口,学生可从其中选择两个相邻的地址线连至

8254(或 8253)的 A_0、A_1,用于片内端口的选择。实验装置上的 3 个计数器都归用户使用,可以单独使用其中的一个计数器,也可以串联使用其中的 2 个或 3 个计数器。

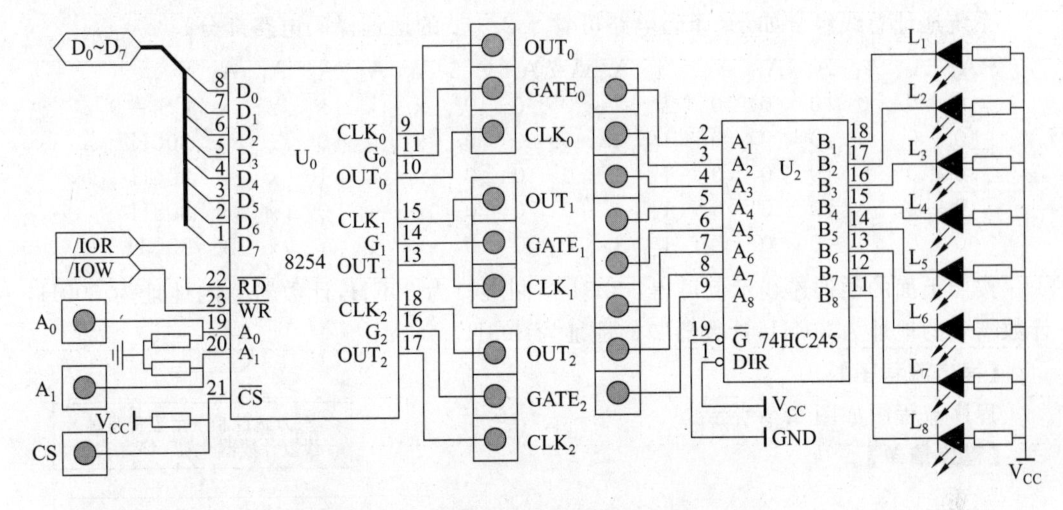

图 6.1 8254(或 8253)定时器/计数器原理图

注意：8254 的最高计数频率不能超过 10MHz,8253 的不能超过 2MHz,否则长时间使用,芯片过热,容易烧毁。

3. 实验目的和要求

掌握 8254(或 8253)的结构、工作原理、工作方式、初始化编程及使用方法。

4. 实验示例

【例 6.1.1】 编程实现将 8254/8253 的定时器 0 设为工作方式 3(方波方式),从发光二极管观察计数器的输出。

【实验设备】

8254(或 8253)定时器/计数器模块。

【硬件连线】

8254 的连线：

8254(或 8253)的片选 CS 接至地址输出端 CS_1；

地址输入端 A_0、A_1 分别接至系统地址线 A_2、A_3；

门控信号 $GATE_0$ 接至+5V；

CLK_0 接至分频器 393 的分频输出得到不同的计数时钟,如 187K,分频器电路见 5.2.4 节的内容；

OUT_0 为计数器 0 的输出,可用示波器观测波形或接至发光二极管的输入(D_1,D_2,…,D_8),如 D_1,观测 LED 的变化。

地址译码的连线：

GAL 的地址输入端 A-5 接至地址线 A_5；

GAL 的地址输入端 A-6 接至地址线 A_6；

GAL 的地址输入端 A-7 接至地址线 A_7。

系统地址总线组合如下(译码电路可看 5.2.3 节的地址译码电路部分)。

A_{15}	A_{14}	A_{13}	A_{12}	A_{11}	A_{10}	A_9	A_8	A-7	A-6	A-5	A_4	A_3	A_2	A_1	A_0	
0	0	0	0	0	0	1	1	0	0	0	x	x	x	x	x	$CS_1=0$
0	0	0	0	0	0	1	1	0	0	0	x	0	0	x	x	300H
0	0	0	0	0	0	1	1	0	0	0	x	0	1	x	x	304H
0	0	0	0	0	0	1	1	0	0	0	x	1	0	x	x	308H
0	0	0	0	0	0	1	1	0	0	0	x	1	1	x	x	30CH

按照上面的硬件连线示例可得：8254 控制端口为 30CH,计数器 0 的地址为 300H,计数器 1 的地址为 304H,计数器 2 的地址为 308H。

【程序流程图】

程序流程图如图 6.2 所示。

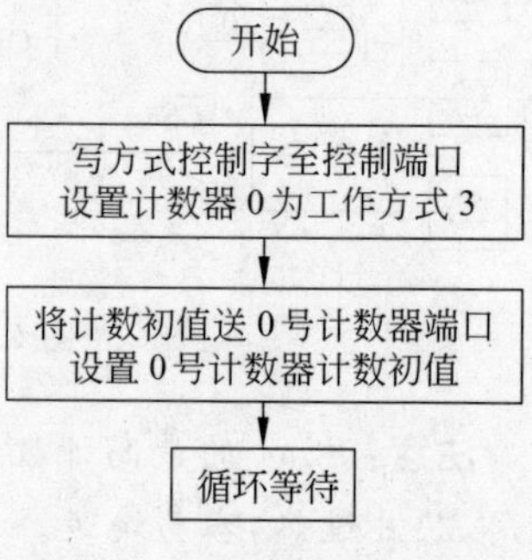

开始 → 写方式控制字至控制端口 设置计数器 0 为工作方式 3 → 将计数初值送 0 号计数器端口 设置 0 号计数器计数初值 → 循环等待

图 6.2　例 6.1.1 实验示例程序框图

【程序清单】

```
;FILENAME: EXA611.ASM
.486
CODE    SEGMENT USE16
        ASSUME CS:CODE
        ORG     1000H
PORT0   EQU     300H                ;0 号计数器口地址
PORT1   EQU     304H                ;1 号计数器口地址
PORT2   EQU     308H                ;2 号计数器口地址
PORT3   EQU     30CH                ;控制口地址
VALUE0  EQU     0H                  ;计数初值
CON0    EQU     00010110B           ;0 号计数器初始化控制字
BEG:    MOV     DX,PORT3            ;写入方式控制字
        MOV     AL,CON0
        OUT     DX,AL
        MOV     DX,PORT0            ;写入初值 0,实际计数初值为 65536
        MOV     AL,VALUE0
        OUT     DX,AL
WT:     NOP                         ;循环
        JMP     WT
CODE    ENDS
END     BEG
```

5. 实验项目

【实验 6.1.1】　观察 8254(或 8253)工作方式 2 的输出波形。

【实验设备】

8254(或 8253)定时器/计数器模块、示波器。

【实验要求】

请完成相应的硬件电路连线，并编写程序让8254(或8253)的计数器2工作在方式2，用示波器观察计数器2的输出波形。

【实验6.1.2】 验证8254(或8253)工作方式1的计数过程。

【实验设备】

8254(或8253)定时器/计数器模块。

【实验要求】

用实验装置上的单脉冲信号作为计数器的输入脉冲，计数器的输出接至发光二极管的驱动电路，通过观察发光二极管闪动情况来验证8254(或8253)工作方式1的计数过程。完成硬件电路连线，并编写相应的程序。

【实验6.1.3】 流光发生器的设计。

【实验设备】

8254(或8253)定时器/计数器模块。

【实验要求】

请完成相应的硬件电路连线并编写程序，使8254(或8253)的三个计数器输出不同周期的方波信号，控制三个发光二极管，达到流光效果。

【实验6.1.4】 8254(或8253)产生定时信号。

【实验设备】

8254(或8253)定时器/计数器模块。

【实验要求】

请完成相应的硬件电路连线并编写程序，用8254(或8253)的两个计数器，采用级连方式，产生1s的定时信号，使计数器的输出接至发光二极管的驱动电路，并观察发光二极管闪动情况且记录下闪动频率。

【实验6.1.5】 音乐程序设计。

【实验设备】

PC系列机。

【实验要求】

利用PC机中的系统8254的2号计数器设计音乐程序，演唱一首乐曲，当主机键盘按下任意键时停止演唱。

6.2 并行接口实验

1. 实验说明

本实验中使用的核心器件是并口芯片8255。

(1) 8255的结构和工作方式

8255芯片内部有4个8位的输入输出端口，即A口、B口、C口和一个控制口。从内部控制的角度来讲，可分为两组：A组和B组。A组控制模块管理A口和C口的高

4 位($PC_7 \sim PC_4$),B 组控制模块管理 B 口和 C 口的低 4 位($PC_3 \sim PC_0$)。

8255 有三种工作方式：方式 0 是基本型输入/输出方式；方式 1 是选通型输入/输出方式；方式 2 是双向数据传送方式。A 口可以工作在方式 0、方式 1、方式 2；B 口可以工作在方式 0 和方式 1，不能工作在方式 2；C 口可以工作在方式 0，不能工作在方式 1 和方式 2。

(2) 8255 的控制字和初始化编程

① 方式选择命令字的格式及每位的作用如图 6.3 所示。

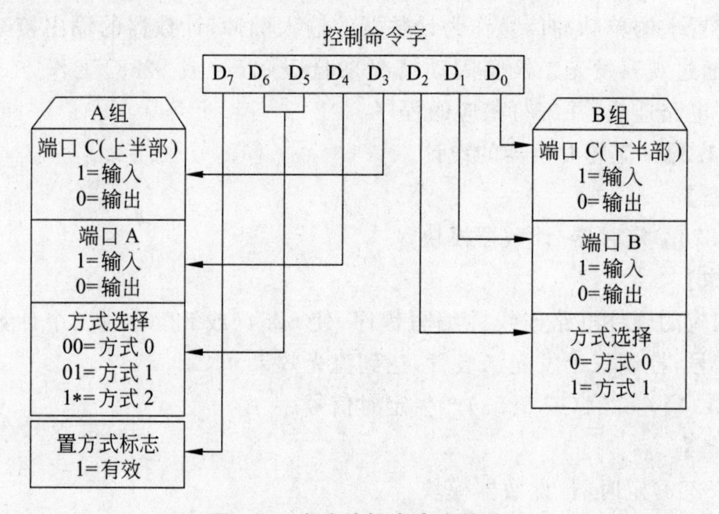

图 6.3 方式选择命令字格式

② C 口置 1/置 0 命令字的格式及每位的作用如图 6.4 所示。

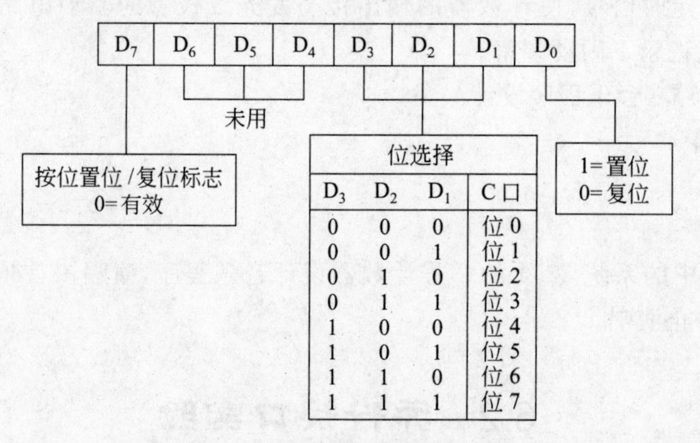

D_3	D_2	D_1	C口
0	0	0	位 0
0	0	1	位 1
0	1	0	位 2
0	1	1	位 3
1	0	0	位 4
1	0	1	位 5
1	1	0	位 6
1	1	1	位 7

图 6.4 置 1/置 0 命令字格式

8255A 初始化编程的步骤是：

① 向 8255 控制寄存器写入“方式选择控制字”，从而预置端口的工作方式。

② 当端口预置为方式 1 或方式 2 时，再向控制寄存器写入“C 口置 0/置 1 控制字”。这一操作的主要目的是使相应端口的中断允许触发器置 0，从而禁止中断，或者使相应端口的中断允许触发器置 1，从而允许端口提出中断请求。

(3) 8255 端口联络线

8255 没有专用的控制线引脚，当端口预置为方式 1 或方式 2 之后，芯片内部的硬件结构发生变化，从而使 C 口的某些端线成为控制线，而且这些控制线的输入/输出不再受“方式选择控制字”相关位的控制。图 6.5 列出了 C 口的端线与控制线的对照。

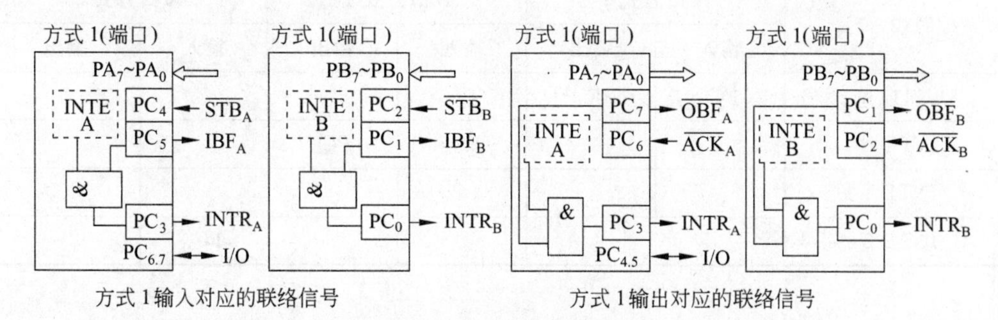

图 6.5　8255 端口联络线

$\overline{STB}$：这是输入设备送往 8255 端口的输入选通信号。当输入设备准备了一个数据并送到端口数据线之后，还需要在$\overline{STB}$端线上送一个宽度大于 500ns 的负脉冲，这样才能把端口数据线上的输入数据存入 8255 相应端口的输入缓冲寄存器中。

IBF：这是 8255 送往输入设备的应答信号。IBF＝1，表示输入缓冲寄存器已经寄存了一个数据(CPU 还没有取走)。输入设备应当查询 IBF，只有当 IBF＝0 时，才可以输入下一个数据。另外程序员也应该查询 IBF，当 IBF＝1 时，应立即执行输入指令，从相应端口取走数据。

$\overline{OBF}$：这是 8255 送往输出设备的联络信号。$\overline{OBF}$＝0，通知输出设备 8255 的端口数据线上已经准备好了一个数据，请输出设备取走。该端子也供程序员查询。程序在向 8255 输出数据之前，应先查询$\overline{OBF}$，当$\overline{OBF}$＝0 时，表示输出缓冲寄存器是“满”的，其中的数据还没有被输出设备取走，故程序不能写入下一个数据，只有当$\overline{OBF}$＝1 时才能写入下一个数据。

$\overline{ACK}$：这是输出设备送往 8255 的应答信号。当输出设备从端口数据线上接收了一个数据之后，应从$\overline{ACK}$端子向 8255 送一个宽度大于 300ns 的负脉冲。8255 在收到$\overline{ACK}$信号之后，才能使$\overline{OBF}$＝1，CPU 才能输出下一个数据。

由于$\overline{STB}$信号和$\overline{ACK}$信号是外设送往 8255 的信号，在时间上是随机出现的，而且脉冲宽度较窄，程序不易“捕捉”，因此当使用查询方式通过 8255 与外设交换数据时，程序不应查询$\overline{STB}$端子和$\overline{ACK}$端子，而应当查询 IBF 和$\overline{OBF}$。

(4) 8255 的中断应用

8255 内部有 4 个中断允许触发器，当程序欲采用查询方式和 8255 交换信息时，在初始化阶段应使相应的中断允许触发器置 0。如果采用中断方式和 8255 交换信息，则应使相应的中断允许触发器置 1。表 6.5 列出了中断允许触发器与控制位对照表。使这些控制位置 0/置 1，也就完成了对相应中断允许触发器的置 0/置 1。假设 A 口已经预置为方式 1 输入，则：

执行 MOV 控制口地址,00001000B;使 INTE A 置 0,禁止 A 口中断。
执行 MOV 控制口地址,00001001B;使 INTE A 置 1,允许 A 口中断。

表 6.5 中断允许触发器与控制位对照表

控制线	A 口方式 1		B 口方式 1		A 口方式 2	
	输入	输出	输入	输出	输入	输出
INTE A	PC_4	PC_6				
INTE B			PC_2	PC_2		
INTE 1						PC_6
INTE 2					PC_4	

2. 实验原理

8255 并口模块原理图如图 6.6 所示。

每一片 8255 负责其上方的两片数码管(这里的上方、左、右是从实验装置中数码管的实际位置来区分的)。端口 A 输出驱动左边数码管的 a～h 阴极段,端口 B 输出驱动右边数码管的 a～h 阴极段,端口 C 输出驱动两个数码管的共阳极。每个数码管有两个共阳极(分别是第 1、5 脚),PC_0、PC_1 驱动左边数码管的两个共阳极(PC_0 对应着第 1 脚,PC_1 对应着第 5 脚),PC_2、PC_3 驱动右边数码管的两个共阳极(PC_2 对应着第 1 脚,PC_3 对应着第 5 脚)。数码管颜色控制如下:

$PC_0=1$、$PC_1=1$(或 $PC_2=1$、$PC_3=1$):数码管不显示;
$PC_0=1$、$PC_1=0$(或 $PC_2=1$、$PC_3=0$):数码管显示红色字符;
$PC_0=0$、$PC_1=1$(或 $PC_2=0$、$PC_3=1$):数码管显示绿色字符;
$PC_0=0$、$PC_1=0$(或 $PC_2=1$、$PC_3=1$):数码管显示黄色字符。

数码管字形编码如表 6.6 所示。

表 6.6 数码管字形编码

字形	0	1	2	3	4	5	6	7	8	9	A	B	C	D	E	F
编码	C0	F9	A4	B0	99	92	82	F8	90	90	88	83	C6	A1	86	8E

3. 实验目的和要求

掌握 8255 的结构、工作原理、工作方式、初始化及应用编程;掌握 8 位、16 位和 32 位数据传输的方法。

4. 实验示例

【例 6.2.1】 编程实现在四块双色数码管上采用红、绿、黄三种颜色显示数字 0、1、2、3、4、5、6、7。

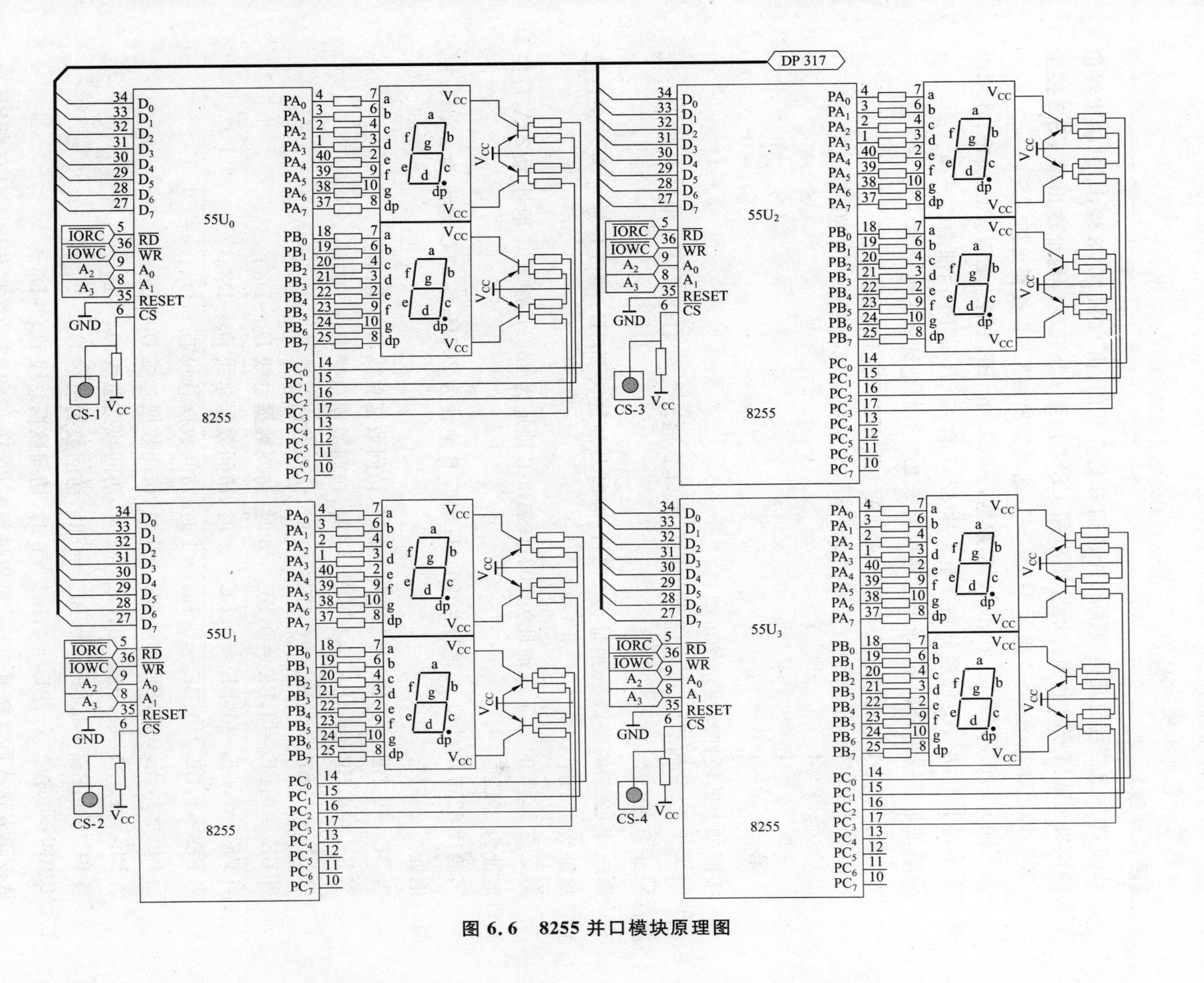

图 6.6 8255 并口模块原理图

【实验设备】

8255 并行接口模块；

双色数码管显示模块。

【硬件连线】

8255 的片选信号与其他模块的片选信号是分开的，由 GAL20V8 输出，其引出线位于其他模块片选信号的上面。地址输出端 CS-1 接至 8255CS-1；地址输出端 CS-2 接至 8255CS-2；地址输出端 CS-3 接至 8255CS-3；地址输出端 CS-4 接至 8255CS-4。

为了能分别访问 32 位、16 位、8 位数据，A_0、A_1 由 BE_0、BE_1、BE_2、BE_3 确定，在本电路板上不再引出，A_2、A_3 已经分别接至 4 片 8255 的 A_1、A_0，用于内部端口选择。

系统地址总线组合如下(译码电路可看 5.2.3 节的地址译码电路部分)。

A_{11}	A_{10}	A_9	A_8	A-7	A-6	A-5	A_4	A_3	A_2	BE_3	BE_2	BE_1	BE_0	
0	0	1	0	0	0	0	x	x	x				0	CS-1＝0
0	0	1	0	0	0	0	x	x	x			0		CS-2＝0
0	0	1	0	0	0	0	x	x	x		0			CS-3＝0
0	0	1	0	0	0	0	x	x	x	0				CS-4＝0

按照如上的硬件连线示例可得：

第一片 8255 的端口 A 地址为 200H；端口 B 地址为 204H；端口 C 地址为 208H；控制口地址为 20CH。

第二片 8255 的端口 A 地址为 201H；端口 B 地址为 205H；端口 C 地址为 209H；控制口地址为 20DH。

第三片 8255 的端口 A 地址为 202H；端口 B 地址为 206H；端口 C 地址为 20AH；控制口地址为 20EH。

第四片 8255 的端口 A 地址为 203H；端口 B 地址为 207H；端口 C 地址为 20BH；控制口地址为 20FH。

当 $BE_0=0,BE_1=1,BE_2=1,BE_3=1$ 时，访问数据总线 $D_0\sim D_7$；

当 $BE_0=0,BE_1=0,BE_2=1,BE_3=1$ 时，访问数据总线 $D_0\sim D_{15}$；

当 $BE_0=0,BE_1=0,BE_2=0,BE_3=1$ 时，访问数据总线 $D_0\sim D_{23}$；

当 $BE_0=0,BE_1=0,BE_2=0,BE_3=0$ 时，访问数据总线 $D_0\sim D_{31}$；

当 $BE_0=1,BE_1=0,BE_2=1,BE_3=1$ 时，访问数据总线 $D_8\sim D_{15}$；

当 $BE_0=1,BE_1=0,BE_2=0,BE_3=1$ 时，访问数据总线 $D_8\sim D_{23}$；

当 $BE_0=1,BE_1=0,BE_2=0,BE_3=0$ 时，访问数据总线 $D_8\sim D_{31}$；

当 $BE_0=1,BE_1=1,BE_2=0,BE_3=1$ 时，访问数据总线 $D_{16}\sim D_{23}$；

当 $BE_0=1,BE_1=1,BE_2=0,BE_3=0$ 时，访问数据总线 $D_{16}\sim D_{31}$；

当 $BE_0=1,BE_1=1,BE_2=1,BE_3=0$ 时，访问数据总线 $D_{24}\sim D_{31}$；

从逻辑表达式可以知道，CPU 可以进行 8 位、16 位和 32 位数据传输。只有当 $BE_0=0,BE_1=0,BE_2=0,BE_3=0$ 时，才会有 CS－1＝0，CS－2＝0，CS－3＝0，CS－4＝0，也才能同时访问 32 位数据总线 $D_0\sim D_{31}$ 进行 32 位数据的传输，也就是口地址的最后两位必须是 00。例如：

```
MOV  DX,20CH
MOV  EAX,80808080H
OUT  DX,EAX
```

CPU 执行上述程序,可同时进行 32 位数据传输,可将 80H 同时输出到第 1 片至第 4 片 8255 的 C 口。

【程序流程图】

程序框图如图 6.7 所示。

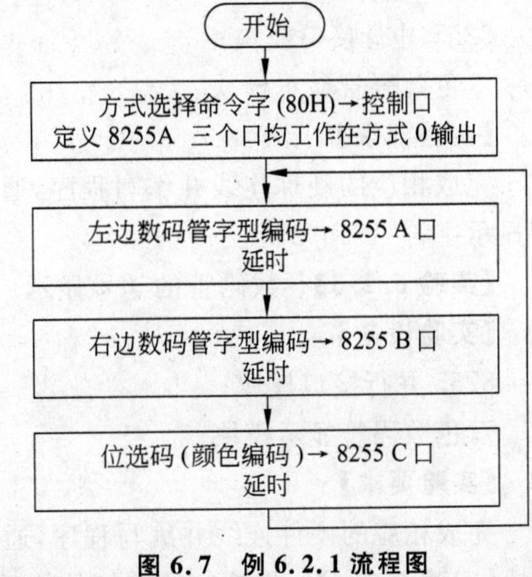

图 6.7 例 6.2.1 流程图

【程序清单】

```
;FILENAME: EXA621.ASM
.486
CODE    SEGMENT USE16
        ASSUME  CS:CODE
        ORG   01000H
BEG:    JMP   START
TAB1    DB    0C0H,0A4H,99H,82H
TAB2    DB    0F9H,0B0H,92H,0F8H
BBBB    DD    0F0F0F0FH                   ;熄灭
RGYR    DD    050A0005H                   ;红绿黄红
START:  MOV   DX,20CH
        MOV   EAX,80808080H
        OUT   DX,EAX                      ;8255 初始化
L1:     MOV   DX,200H
        MOV   EAX,DWORD PTR TAB1
        OUT   DX,EAX                      ;左边数码管的字形码→8255A 口
        MOV   DX,204H
        MOV   EAX,DWORD PTR TAB2
        OUT   DX,EAX                      ;右边数码管的字形码→8255B 口
        MOV   DX,208H
        MOV   EAX,RGYR
        OUT   DX,EAX                      ;显示颜色
        HLT
        JMP   L1
CODE    ENDS
        END   BEG
```

5. 实验项目

【实验 6.2.1】 数码管闪烁显示。

【实验设备】

8255 并行接口模块;

双色数码管显示模块。

【实验要求】

完成相应的硬件连线并编写程序，通过 8255 控制在双色数码管上闪烁显示字符“1”。

【实验 6.2.2】 两位数码管交替显示。

【实验设备】

8255 并行接口模块；

双色数码管显示模块。

【实验要求】

完成相应的硬件连线并编写程序，通过 8255 控制在第 1 个和第 2 个双色数码管上交替显示字符“1”和“2”。

【实验 6.2.3】 数码管的学号显示。

【实验设备】

8255 并行接口模块；

双色数码管显示模块。

【实验要求】

完成相应的硬件连线并编写程序，通过 8255 控制双色数码管，显示学生的学号。

【实验 6.2.4】 模拟交通路灯的管理。

【实验设备】

8255 并行接口模块；

双色数码管显示模块。

【实验要求】

完成相应的硬件连线并编写程序，通过 8255 控制双色数码管，以模拟交通路灯的管理。

【编程提示】

① 要完成本实验，首先必须了解交通路灯的燃灭规律。设有一个十字路口 1、3 为南北方向，2、4 为东西方向。1、3 路口的绿灯亮，2、4 路口的红灯亮，1、3 路口方向通车。延迟一段时间后，1、3 路口的绿灯熄灭，而 1、3 路口的黄灯开始闪烁。闪烁若干次后，1、3 路口的红灯亮，而同时 2、4 路口的绿灯亮，2、4 路口方向开始通车。延迟一段时间后，2、4 路口的绿灯熄灭，而黄灯开始闪烁。闪烁若干次后，再切换到 1、3 路口的方向。之后，重复上述过程。

② 程序中设定好 8255 的工作方式，使三个端口均工作于方式 0，并处于输出状态。

6.3 中断实验

1. 实验说明

本实验中使用的核心器件是 8259 中断控制器。

硬件中断是由 CPU 以外的器件发出的中断请求信号而引发的中断。80486CPU 只有两个引脚(INTR 和 NMI)可以接收外部的中断请求信号,为了管理众多的外部中断源,Intel 公司设计了专用的配套芯片——8259 中断控制器。8259 是可编程芯片,一片 8259 管理 8 级中断源,采用级联方式,两片 8259 可以管理 15 级中断。

(1) 8259 的控制命令字

8259 的控制命令字 ICW1 的格式和位功能如图 6.8 所示,该命令字必须送偶地址端口。

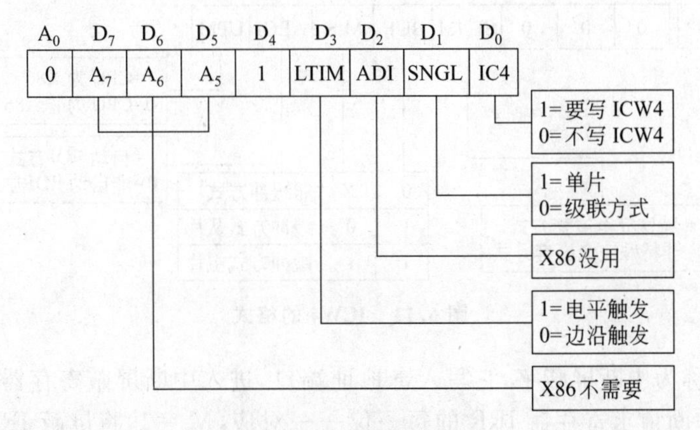

图 6.8 8259 控制命令字

ICW2 的格式和功能如图 6.9 所示,左 5 位定义了一个固定的二进制码 $T_7 \sim T_3$,它是中断类型码的前 5 位,当 8259 将相应有效输入的 3 位中断类型号送到总线上时,它自动与 $T_3 \sim T_7$ 结合形成一个 8 位中断类型码。该命令字必须送奇地址端口。

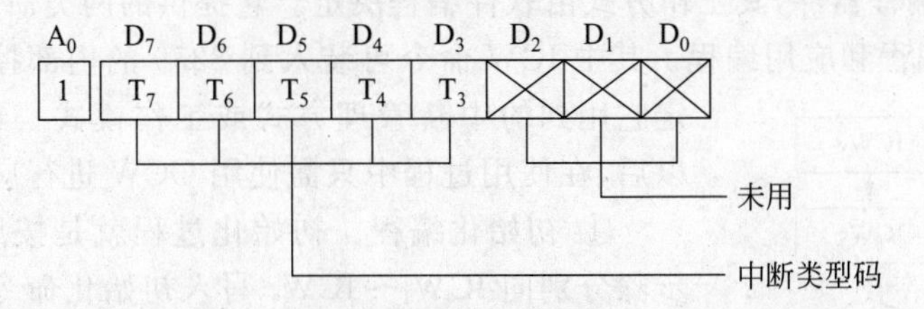

图 6.9 ICW2 的格式

ICW3 的格式和功能如图 6.10 所示,只有有级联方式时才需要初始化命令 ICW3 的信息,而且主片 8259 和从片 8259 的初始化命令字不同。主片 ICW3 的格式如图 6.10(a)所示,各位对应于 $IR_0 \sim IR_7$ 的输入,相应地 $S_i = 0$,表示 8259 的 IR_i 端没有接从片 8259,反之

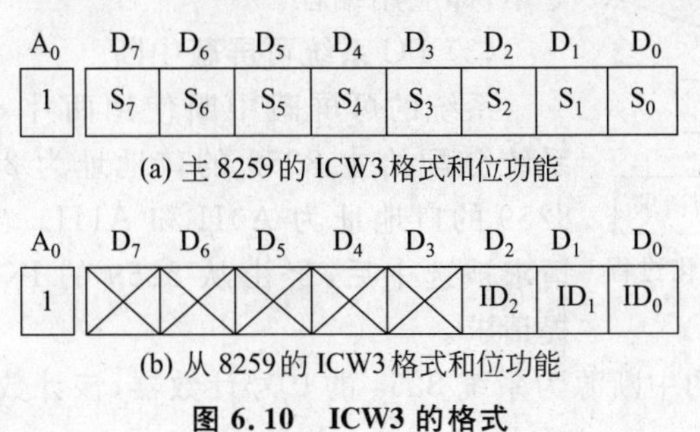

图 6.10 ICW3 的格式

则表示有。从片 8259 的 ICW3 格式如图 6.10(b)所示，ID_2～ID_0 编码表明该从 8259 接到主 8259 的哪一个中断输入端(从片 8259 用此 ID 码来比较主片 8259 在 CAS_0～CAS_2 上的设备代码输出)。该命令字必须送奇地址端口。

ICW4 的格式和功能如图 6.11 所示，D_7～D_5 固定为 0，是 ICW4 的标志码。ICW4 也必需写入 8259 的奇地址端口。

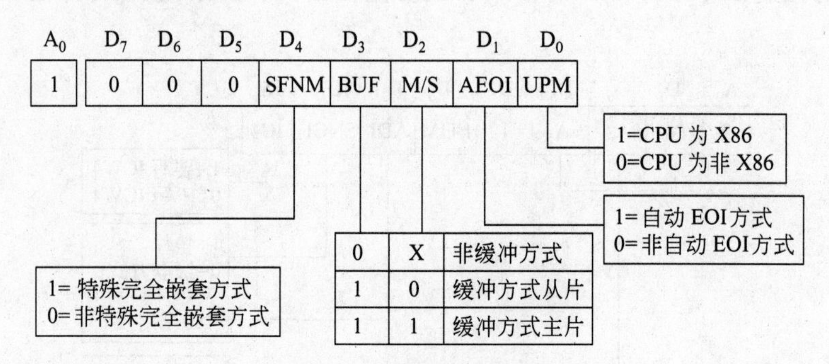

图 6.11 ICW4 的格式

OCW1 被称为中断屏蔽字，它写入奇地址端口，进入中断屏蔽寄存器 IMR。屏蔽字每一位 M_i 与中断请求寄存器 IRR 的每一位一一对应，$M_i=1$，将屏蔽 IRR_i 的中断请求进入优先权电路，而 $M_i=0$ 意味着开放 IR_i 的中断。

OCW2 被称为中断结束命令字，用来控制中断结束，最常用的 EOI 命令字为 20H。OCW2 也写入偶地址端口。

(2) 8259 的编程

8259 是可编程器件，其工作方式由软件编程决定。它提供的两类命令字分别可以用来完成初始化编程和应用编程。其中 ICW 命令可装入到 8259 的内部控制寄存器，以确定它用到的中断管理方式或工作模式。经过初始化编程以后，在使用过程中只需使用 OCW 进行应用编程即可。

① 初始化编程。初始化过程就是按照严格的初始化步骤分别向 ICW_1～ICW_4 写入初始化命令字。对 8259 的初始化过程如图 6.12 所示。

② 应用编程。8259 的应用编程也受初始化编程的制约。8259 经过初始化编程，准备好接受 IR_0～IR_7 的中断请求。在运行过程中，用户可根据需要进一步写入操作命令字，即应用编程。

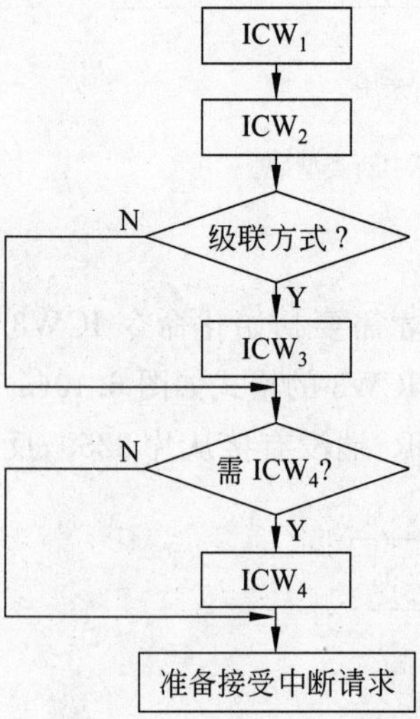

图 6.12 8259A 的初始化过程

(3) PC 系统可屏蔽中断

系统的可屏蔽中断使用两片 8259 管理 15 级中断。系统分配给主 8259 的口地址为 20H 和 21H，分配给从 8259 的口地址为 A0H 和 A1H。当从 8259 任一中断源请求被选中后，经由从 8259 的 INT 端向主 8259 的 IR_2 提请求。

系统日时钟中断的中断源为系统 8254 的 0 号计数器，该计数器也由 BIOS 初始化。

初始化以后，每隔 55ms 向主 8259 的 IR_0 端子提请一次中断，CPU 响应后，转入 8 型中断服务程序，即日时钟中断处理程序。日时钟中断每次都要执行 INT 1CH，即系统正常工作之后，每隔 55ms 都要访问一次 1CH 型中断，因此如果用户有一项定时操作，就可以设计一个定时操作程序，并用它取代 1CH 型中断。通常，把 1CH 型中断称为日时钟的外扩中断。

2. 实验原理

8259 中断实验原理如图 6.13 所示。

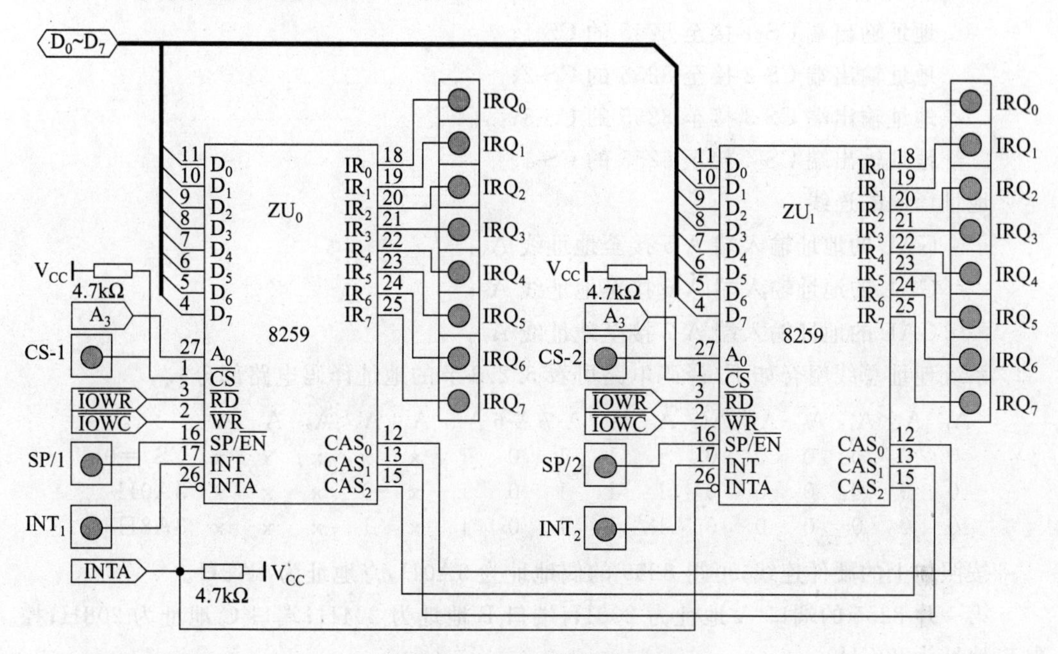

图 6.13 8259 中断实验原理

3. 实验目的和要求

掌握 8259 的结构、工作原理、工作方式、初始化及应用编程；掌握微机系统中断程序的设计。

4. 实验示例

【例 6.3.1】 通过 8259 实验模块上的 INTR 按键产生中断请求信号，编写中断程序实现：每收到一次中断申请信号，数码管上显示的字符串“－SUCCESS”，其颜色发生一次变化。

【实验设备】

8259 中断控制模块；

8255 并行接口模块；

双色数码管显示模块。

【硬件连线】

8259 部分连线：

INTA 接至 INT-A；

SP/1 端接至＋5V；

脉冲信号 KEY-PULSE 接至 IRQ-0；

INT_1 端接至总线的 INTR 端；

地址输出端 CS6 接至 8259 的片选 CS-1。

8255 部分连线：

地址输出端 CS-1 接至 8255 的 CS-1；

地址输出端 CS-2 接至 8255 的 CS-2；

地址输出端 CS-3 接至 8255 的 CS-3；

地址输出端 CS-4 接至 8255 的 CS-4。

地址译码的连线：

GAL 的地址输入端 A-5 接至地址线 A_5；

GAL 的地址输入端 A-6 接至地址线 A_6；

GAL 的地址输入端 A-7 接至地址线 A_7。

系统地址总线组合如下(译码电路可看 5.2.3 节的地址译码电路部分)。

A_{15}	A_{14}	A_{13}	A_{12}	A_{11}	A_{10}	A_9	A_8	A-7	A-6	A-5	A_4	A_3	A_2	A_1	A_0	
0	0	0	0	0	0	1	1	1	0	1	x	x	x	x	x	$CS_6=0$
0	0	0	0	0	0	1	1	1	0	1	x	0	x	x	x	3A0H
0	0	0	0	0	0	1	1	1	0	1	x	1	x	x	x	3A8H

按照如上的硬件连线,可得 8259 的偶地址为 3A0H,奇地址为 3A8H。

第一片 8255 的端口 A 地址为 200H;端口 B 地址为 204H;端口 C 地址为 208H;控制口地址为 20CH。

第二片 8255 的端口 A 地址为 201H;端口 B 地址为 205H;端口 C 地址为 209H;控制口地址为 20DH。

第三片 8255 的端口 A 地址为 202H;端口 B 地址为 206H;端口 C 地址为 20AH;控制口地址为 20EH。

第四片 8255 的端口 A 地址为 203H;端口 B 地址为 207H;端口 C 地址为 20BH;控制口地址为 20FH。

【程序流程图】

程序流程图如图 6.14 所示。

【程序清单】

```
    ;FILENAME: EXA631.ASM
    .486
DATA    SEGMENT USE16 AT 0
        ORG 08H*4
V08H    DW ?,?                                  ;08 型中断向量
```

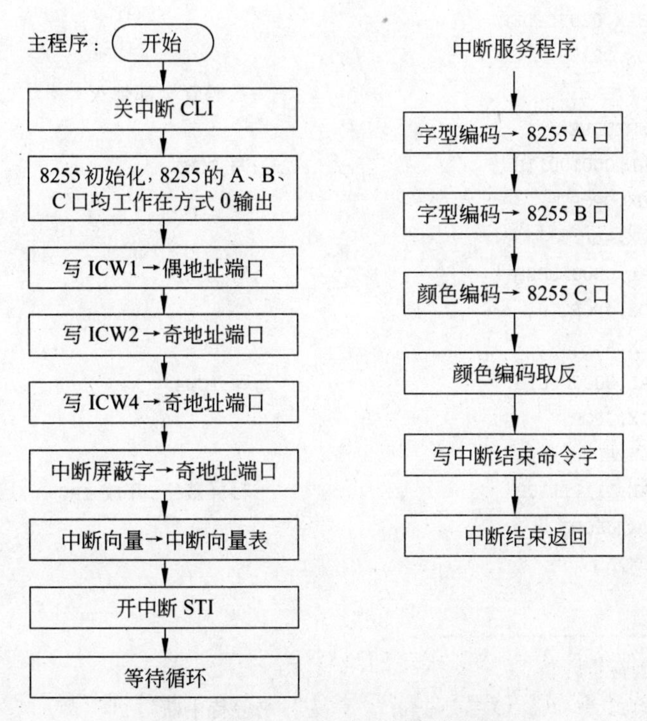

图 6.14 例 6.3.1 实验示例程序流程图

```
OPORT   EQU   3A0H                              ;8259的偶地址
JPORT  EQU   3A8H                               ;8259的奇地址
CC8255 EQU   20CH                               ;8255控制口地址
A8255  EQU   200H                               ;8255A口地址
B8255  EQU   204H                               ;8255B口地址
C8255  EQU   208H                               ;8255C口地址
       ORG   1000H
MM     DD  ?
DATA   ENDS
CODE   SEGMENT USE16
       ASSUME  CS:CODE,DS:DATA
       ORG   2000H
BEG:   CLI
       JMP   START
START: MOV   AX,DATA
       MOV   DS,AX
       MOV   AX,0
       MOV   SS,AX
       MOV   SP,1000H
       MOV   MM,05050505H
       MOV   EAX,80808080H                       ;初始化 8255
       MOV   DX,CC8255
       OUT   DX,EAX
```

```
        MOV  EAX,0F0F0F0FH
        MOV  DX,C8255
        OUT  DX,EAX                          ;数码管全部熄灭
        CALL WRITEVER
LLL:    MOV  AL,00010011B                    ;写 ICW1
        MOV  DX,OPORT
        OUT  DX,AL
        MOV  AL,00001000B                    ;写 ICW2
        MOV  DX,JPORT
        OUT  DX,AL
        MOV  AL,00000001B                    ;写 ICW4
        MOV  DX,JPORT
        OUT  DX,AL
        MOV  AL,11111110B                    ;写屏蔽字,开放 IR0
        MOV  DX,JPORT
        OUT  DX,AL
        STI
;-------------------------
WIT:    NOP
        JMP WIT                              ;等待中断
;-------------------------
WRITEVER  PROC                               ;写中断向量
        PUSHA
        MOV BX, OFFSET SERVER
        MOV  V08H,BX
        MOV  AX,CS
        MOV  V08H+2,AX
        POPA
        RET
WRITEVER  ENDP
;-------------------------
SERVER PROC                                  ;中断服务程序,显示-SUCCESS
        MOV  EAX,92C6C1BFH
        MOV  DX,A8255
        OUT  DX,EAX                          ;输出左边数码管的字形码
        MOV  EAX,9286C692H
        MOV  DX,B8255
        OUT  DX,EAX                          ;输出右边数码管的字形码
        MOV  EAX,MM
        MOV  DX,C8255
        OUT  DX,EAX                          ;控制数码管显示颜色
        NOT  EAX                             ;颜色取反
        MOV  MM,EAX
        MOV  AL,20H
```

```
        MOV  DX,OPORT                          ;写中断结束命令字
        OUT  DX,AL
        IRET
SERVER ENDP
;--------------------------
CODE    ENDS
        END  BEG
```

5. 实验项目

【实验 6.3.1】 中断方式实现学号的动态显示。

【实验设备】

8259 中断控制模块；

8255 并行接口模块；

双色数码管显示模块。

【实验要求】

实验系统只使用一片 8259A，采用中断方式编程，在数码管上实现字符串的动态显示。每来一次中断，字符串左移一位，循环往复，显示规律如图 6.15 所示。

1	2	3	4	5	6
2	3	4	5	6	1
3	4	5	6	1	2
4	5	6	1	2	3
5	6	1	2	3	4
6	1	2	3	4	5

图 6.15 实验 6.3.1 数码管显示规律

【实验 6.3.2】 主从中断方式的数码管交替显示。

【实验设备】

8259 中断控制模块；

8255 并行接口模块；

双色数码管显示模块。

【实验要求】

中断申请信号接至从 8259A，采用中断方式编程，完成两数码管交替显示，即在第 1 位、第 2 数码位数码管上交替显示“1”和“2”。

【实验 6.3.3】 数码管计时器。

8259 中断模块；

8255 并口模块；

8254(或 8243)定时器/计数器模块；

双色数码管显示模块。

【实验要求】

利用 8254 作为定时源，采用中断方式编程，每隔 1s 使数码管显示的 8 字左移一位，循环往复。

【编程提示】

可对 8254 初始化为工作方式 3，使其输出周期为 1s 的方波信号，并将信号接至 8259 的 $IR_7 \sim IR_0$，作为中断申请信号。

【实验 6.3.4】 基于中断的字符串屏幕动态显示。

【实验设备】

PC 系列机。

【实验要求】

利用系统定时源设计 1CH 中断程序，要求每隔一定时间在系统机屏幕上显示一行字符串(字符串内容自定)。

6.4 串行通信实验

1. 实验说明

本实验中使用的核心器件是串行通信芯片 8251 和 8250。

(1) 8251 接口芯片

本实验中使用的核心器件是串行通信芯片 8251，它具有同步/异步、接收/发送数据的功能。8251 内部没有波特率发生器，需要由外部提供接收器时钟(RXC)和发送器时钟(TXC)。

CPU 与 8251 之间可以采用查询方式和中断方式交换信息。查询方式是在信息交换之前，应读取 8251 状态字，状态字 $D_0=1$，CPU 可向 8251 数据口写入数据，完成串行数据的发送。$D_1=1$，CPU 可从 8251 数据口读取数据，完成一帧数据的接收。采用中断方式要注意以下几点。

① 8251 没有单独的中断请求引脚。引脚 TXRDY 可以作为发送中断请求，但是只有在引脚$\overline{CTS}$有效的前提下，当工作命令字 D_0 位 $=1$，而且发送缓冲器空闲时，引脚 TXRDY 才能有效，因此，欲采用中断方式发送数据，引脚$\overline{CTS}$需为低电平。

② 引脚 RXRDY 可作为接收中断请求。

③ 如果数据发送和接收均采用中断方式，则“TXRDY”和“RXRDY”应当通过“或门”向 CPU 提中断请求。在中断服务程序中，必须先查询状态字，以决定转向发送或接收处理程序。

下面是描述编程时使用到的 8251 内部寄存器各位的定义。

① 控制寄存器。控制寄存器有 8 位，它决定了 8251 的工作方式。控制寄存器的内容形成了方式控制字，各位的含义如图 6.16 所示。

D_7	D_6	D_5	D_4	D_3	D_2	D_1	D_0
SCS/S2	ESD/S1	EP	PEN	L_2	L_1	B_2	B_1
同步停止位		奇偶校验		字符长度		波特率系数	
同步($D_1D_0=00$) ×0=内同步 ×1=外同步 0×=双同步 1×=单同步	异步($D_1D_0\neq0$) 00=不用 01=1 位 10=1.5 位 11=2 位	X_0=无校验 01=奇校验 11=偶校验		00=5 位 01=6 位 10=7 位 11=8 位		异步 00=不用 01=01 10=16 11=64	同步 00=同步 方式标志

图 6.16 8251A 方式选择命令字格式

在同步方式，发送和接收的波特率分别和TXC、RXC引脚的输入时钟频率相等。但在异步方式中，D_1D_0的3种组合用以确定异步方式下的波特率因子（即波特率系数），此时TXC和RXC的频率、波特率因子和波特率之间有如下关系：

TXC（或RXC）＝波特率因子×波特率

② 工作命令字寄存器。工作命令字寄存器有8位，工作命令字的作用是确定8251A的实际操作，迫使8251A处于某种工作状态，以便接收或发送数据。其各位的意义如图6.17所示。

D_7	D_6	D_5	D_4	D_3	D_2	D_1	D_0
EH	IR	RTS	ER	SBRK	RXEN	DTR	TXEN
进入搜索 1＝允许搜索	内部复位 1＝使8251返回方式控制字	请求发送 1＝使RTS输出0	错误标志复位使错误标志PE、OE、FE复位	发中止字符 1＝使TXD为低 0＝正常工作	接收允许 1＝允许 0＝禁止	数据终端准备好 1＝使DTR输出0	发送允许 1＝允许 0＝禁止

图6.17 8251A工作命令字格式

③ 状态寄存器。

8251内部设有状态寄存器，状态寄存器有8位，CPU可用输入指令IN获取状态寄存器的内容，了解8251A当前工作状态。其各位的含义如图6.18所示。

D_7	D_6	D_5	D_4	D_3	D_2	D_1	D_0
DSR	SYNDET	FE	OE	PE	TXEN	RXRDY	TXRDY
1：DSR输入为0	同步检测	1：字符的结尾没有检测到有效停止位	1：当上一个数据还没有被CPU读取，缓冲器又收到下一个数据时，该位置1	1：奇偶错	1：发送缓冲器空	1：接收准备好	1：发送准备好

图6.18 8251A状态格式字

注意：状态寄存器的RXRDY位、TXE位、SYNDET位和DSR位的含义与芯片同名引脚的定义相同，只有TXRDY位的含义和芯片引脚TXRDY的定义不同。对于状态寄存器的状态位TXRDY来说，只要发送缓冲器空就置位；片引脚TXRDY还要满足引脚CTS＝0和命令字TXEN位为1，即满足3个条件才置位。

8251A初始化编程步骤是：

① 向控制口写入1～3个0。

② 向控制口写入40H，使芯片内部复位。

③ 向控制口写入方式选择命令字，设定其工作方式、波特率因子和帧数据结构。

④ 向控制口写入工作命令。

(2) 8250接口芯片

PC机有两个串行口：主串口（又称串口1）和辅串口（又称串口2）。使用8250芯片进行异步通信，主串口中断类型码为 0CH，辅串口中断类型码为 0BH。PC 机串口使用 RS-232C 连接器与外部进行通信。

下面描述编程时使用到的 8250 内部寄存器各位的定义。

① 发送保持寄存器(3F8H/2F8H)。该寄存器保存 CPU 送出的并行数据，转移至发送移位寄存器。

② 接收缓冲寄存器(3F8H/2F8H)。接收到的串行数据，转换成并行数据存入接收缓冲寄存器，等待 CPU 读取。

③ 通信线状态寄存器(3FDH/2FDH)。该寄存器提供数据传输的状态信息，其各位含义如表 6.7 所示。

表 6.7　通信线状态字

D_7	D_6	D_5	D_4	D_3	D_2	D_1	D_0
0	1—发送移位寄存器空闲	1—发送保持寄存器空闲	1—间断错	1—格式错	1—奇偶错	1—溢出错	1—一帧数据接收完毕

④ 中断允许寄存器(3F9H/2F9H)。该寄存器用来允许和禁止 8250 各级中断，其各位含义如表 6.8 所示。

表 6.8　中断允许寄存器命令字格式

D_7	D_6	D_5	D_4	D_3	D_2	D_1	D_0
0	0	0	0	1—允许提出 MODEM 中断请求	1—允许提出接收错中断请求	1—允许提出发送中断请求	1—允许提出接收中断请求

⑤ 中断识别寄存器(3FAH/2FAH)。由于 8250 只能向 CPU 发出一个中断请求信号，为了识别是 8250 内部哪一个中断源引起的中断，在进入中断服务程序后，先读取中断识别寄存器的内容进行判断，各位含义如表 6.9 所示。

表 6.9　中断识别寄存器格式

D_7	D_6	D_5	D_4	D_3	$D_2 D_1$	D_0
0	0	0	0	0	00—是 MODEM 中断；01—是发送中断；10—是接收中断；11—是接收错中断	0—有中断请求 1—无中断请求

⑥ MODEM 控制寄存器(3FCH/2FCH)。MODEM 控制寄存器是一个 8 位寄存器，D_0～D_3 位的状态直接控制相关引脚的输出电平，其格式如表 6.10 所示。

⑦ 除数寄存器(高 8 位 3F9H/2F9H，低 8 位 3F8H/2F8H)。除数寄存器为 16 位，由高 8 位寄存器和低 8 位寄存器组成。分频系数由程序员分两次写入除数寄存器的高 8 位和低8 位，除数(即分频系数)的计算公式如下：

$$除数=1843200÷(波特率×16)$$

⑧ 通信线控制寄存器(3FBH/2FBH)。该寄存器规定串行异步通信的数据格式，如图 6.19 所示。

表 6.10　MODEM 控制寄存器格式

D_7	D_6	D_5	D_4	D_3	D_2	D_1	D_0
0	0	0	1—8250 工作在内环自检方式；0—8250 非自检，正常收/发	1—使引脚 OUT2 输出低电平；0—输出高电平	1—使引脚 OUT1 输出低电平；0—输出高电平	1—使引脚 RTS 输出低电平；0—输出高电平	1—使引脚 DTR 输出低电平；0—输出高电平

D_7	D_6	D_5 D_4 D_3	D_2	D_1 D_0
寻址位	中止位	校验位选择	停止位选择	数据位选择
1—访问除数寄存器；0—访问非除数寄存器	1—输出长时间中止信号；0—正常通信	000～110：没有校验位 001—设置奇校验 011—设置偶校验 101—校验位恒为 1 111—校验位恒为 0	0—1 位 1(D_1D_0＝00)—1.5 位 1(D_1D_0≠00)—2 位	00—5 位 01—6 位 10—7 位 11—8 位

图 6.19　通信控制寄存器命令字格式

⑨ MODEM 状态寄存器(3FEH/2FEH)。该寄存器反映 8250 与通信设备(如 MODEM)之间联络信号的当前状态以及变化情况，各位含义如表 6.11 所示。

表 6.11　MODEM 状态字

D_7	D_6	D_5	D_4	D_3	D_2	D_1	D_0
1—引脚 RLSD＝0	1—引脚 $\overline{RI}$＝0	1—引脚 $\overline{DSR}$＝0	1—引脚 $\overline{CTS}$＝0	1—引脚 RLSD 有电平变化	1—引脚 $\overline{RI}$ 有电平变化	1—引脚 $\overline{DSR}$ 有电平变化	1—引脚 $\overline{CTS}$ 有电平变化

8250 的初始化编程步骤为：

① 设置寻址位：80H→通信线控制寄存器，使寻址位为 1。

② 将除数高 8 位/低 8 位→除数寄存器高 8 位/低 8 位，确定通信速率。

③ 将 D_7＝0 的控制字写入通信线控制寄存器，规定一帧数据的格式。

④ 设置中断允许控制字：

若采用查询方式，置中断允许控制字为 0。

若采用中断方式，置中断允许寄存器的相应位为 1。

⑤ 设置 MODEM 控制寄存器。

中断方式：D_3＝1，允许 8250 送出中断请求信号。

查询方式：D_3＝0。

内环自检：D_4＝1。

正常通信：D_4＝0。

2. 实验原理

8251A 模块原理图如图 6.20 所示。

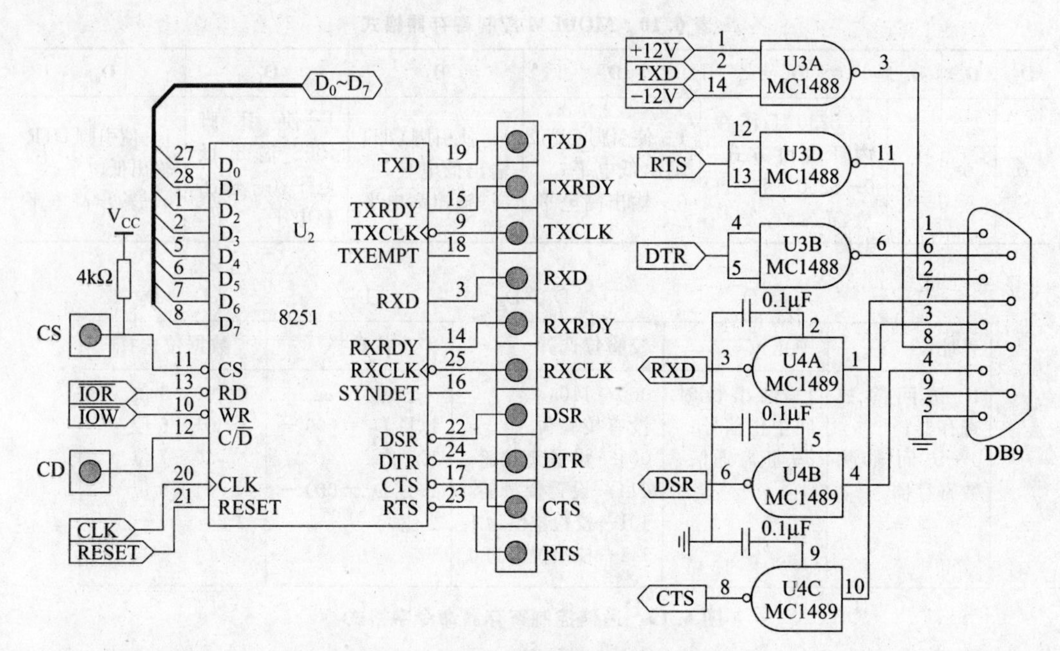

图 6.20 8251A 串行通信模块原理图

3. 实验目的和要求

掌握串行通信的基本原理，8251、8250 的结构，RS-232 串行接口标准及连接方法；掌握 8251A 和 8250 初始化编程和应用编程。

4. 实验示例

【例 6.4.1】 利用实验装置的 8254(或 8253)模块和 8251 模块，通过外环短路线(即将 RXD 和 TXD 短接)，构成自发自收的串行通信实验环境，编写自发自收程序，即将字符串经 8251A 发出，再经 8251A 接收，同时把接收到的内容在数码管上显示。要求字符发送和接收均采用查询方式。

【实验设备】

8251 串行通信模块；

8255 并行接口模块；

双色数码管显示模块；

8254(或 8243)定时器/计数器模块。

【硬件连线】

由于 8251 内部没有波特率发生器，需要由 8254 提供接收器时钟(RXC)和发送器时钟(TXC)。

8254 的连线：地址译码输出端 CS_1 接至 8254 (或 8253)的片选 CS；8254(或 8253)地址输入端 A_0、A_1 分别接至系统地址线 A_2、A_3；$GATE_0$ 接至＋5V；CLK_0 接至分频器 393 的分频输出 CLK/8(1.5M)；OUT_0 接至 8251A 的收发时钟输入端 TXCLK、RXCLK。

8251的连线：地址译码输出端 CS_2 接至8251的片选CS；C/D端接至地址总线 A_4；短接JP1(位于1489的右边)的2、3脚(这两脚分别对应于8251A的RXD和TXD)；CTS接GND。

8255的连线：地址输出端CS-1接至8255的CS-1；地址输出端CS-2接至8255的CS-2；地址输出端CS-3接至8255的CS-3；地址输出端CS-4接至8255的CS-4。

地址译码的连线：GAL的地址输入端A-5接至地址线 A_5；GAL的地址输入端A-6接至地址线 A_6；GAL的地址输入端A-7接至地址线 A_7。

按照如上的硬件连线可得：

8254控制端口地址为30CH，计数器0的地址为300H，计数器1的地址为304H，计数器2的地址为308H；

8251A数据口地址为320H，控制口地址为330H；

第一片8255A的A口地址为200H，B口为204H，C口为208H，控制端口为20CH；

第二片8255A的A口地址为201H，B口为205H，C口为209H，控制端口为20DH。

第三片8255A的A口地址为202H，B口为206H，C口为20AH，控制端口为20EH。

第四片8255A的A口地址为203H，B口为207H，C口为20BH，控制端口为20FH。

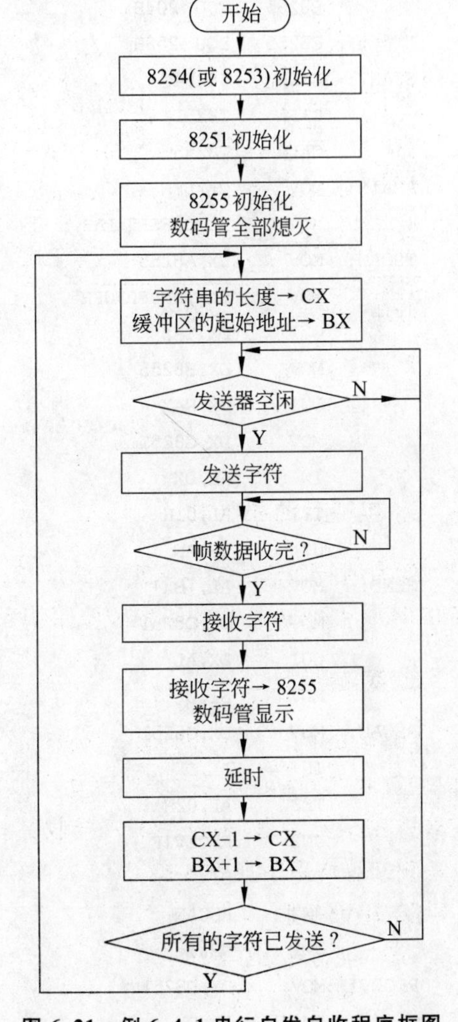

图6.21 例6.4.1串行自发自收程序框图

【程序流程图】

程序流程图如图6.21所示。

【程序清单】

```
;FILENAME: EXA641.ASM
.486
CODE    SEGMENT USE16
        ASSUME  CS:CODE
        ORG   1000H
BEG:    JMP     START
        TAB     DB     0C0H,0F9H,0A4H,0B0H,99H,92H,82H,0F8H
                DB     80H,90H                                  ;数码管字形码
        LENS    EQU    $-TAB
        C8251   EQU    330H                                     ;8251控制口地址
        D8251   EQU    320H                                     ;8251数据口地址
        CON0    EQU    00010110B                                ;8254的0号计数器方式命令字
        VALUE0  EQU    9CH                                      ;8254的0号计数器计数初值
```

```
        D08254   EQU  300H                       ;8254的0号计数器口地址
        D18254   EQU  304H                       ;8254的1号计数器口地址
        D28254   EQU  308H                       ;8254的2号计数器口地址
        C8254    EQU  30CH                       ;8254控制口地址
        CC8255   EQU  20CH                       ;8255控制口地址
        A8255    EQU  200H                       ;8255的A口地址
        B8255    EQU  204H                       ;8255的B口地址
        C8255    EQU  208H                       ;8255的C口地址
START:  CALL     I8254                           ;8254初始化
        CALL     I8251                           ;8251初始化
        CALL     I8255                           ;8255初始化
AGAIN:  MOV      CL,LENS
        MOV      BX,OFFSET TAB
TSCAN:  MOV      DX,A8255                        ;数码管全部熄灭
        MOV      EAX,0F0F0F0FH
        OUT      DX,EAX
        MOV      DX,B8255
        OUT      DX,EAX
        MOV      DX,C8251
        IN       AL,DX                           ;8251状态字→AL
        TEST     AL,01H                          ;TXRDY=1?
        JZ       TSCAN                           ;否,转
SEND:   MOV      AL,[BX]
        MOV      DX,D8251
        OUT      DX,AL                           ;发送数据
        MOV      SI,0
RSCAN:  MOV      DX,C8251
        IN       AL,DX                           ;8251状态字→AL
        TEST     AL,02H                          ;RXRDY=1?
        JNZ      RECEVIE                         ;是,转
        DEC      SI
        JNZ      RSCAN
        JMP      NEXT                            ;超时,转
RECEVIE:MOV      DX,D8251
        IN       AL,DX                           ;接收数据
        MOV      AH,AL
        MOV      DX,AX
        SHL      EAX,16                          ;32位输出数据
        MOV      AX,DX
        MOV      DX,A8255
        OUT      DX,EAX                          ;显示
        MOV      DX,B8255
        OUT      DX,EAX
        MOV      EAX,0A0A0A0AH
```

```
        MOV     DX, C8255
        OUT     DX,EAX
        MOV     BP,0F000H
DELAY:  NOP                                     ;延时
        NOP
        NOP
        DEC     BP
        JNZ     DELAY
        INC     BX
        DEC     CL
        JNZ     TSCAN
        JMP     AGAIN
NEXT:   MOV     EAX,88F9A4BFH                   ;从 8255 上显示"-8251 BAD"
        MOV     DX,A8255
        OUT     DX,EAX
        MOV     EAX,0A1839280H
        MOV     DX,B8255
        OUT     DX,EAX
WIT:    NOP
        JMP     WIT                             ;循环
I8254   PROC
        MOV     DX,C8254                        ;写入控制字
        MOV     AL,CON0
        OUT     DX,AL
        MOV     DX,D08254                       ;写入初值
        MOV     AL,VALUE0
        OUT     DX,AL
        RET
I8254   ENDP
I8251   PROC
        MOV     CX,3
AGA:    MOV     AL,0
        MOV     DX,C8251
        OUT     DX,AL                           ;向控制口写入 3个 0
        LOOP    AGA
        MOV     AL,40H
        OUT     DX,AL                           ;向控制口写入 40H,使 8251 内部复位
        MOV     AL,4FH
        OUT     DX,AL                           ;向控制口写入方式选择命令字
        MOV     AL,15H
        OUT     DX,AL                           ;向控制口写入工作命令字
        RET
I8251   ENDP
I8255   PROC                                    ;8255 初始化
```

```
        MOV     DX,CC8255
        MOV     EAX,80808080H
        OUT     DX,EAX
        RET
I8255   ENDP
CODE    ENDS
        END     BEG
```

5. 实验项目

【实验 6.4.1】 8251 自发自收异步通信。

【实验设备】

8251 串行通信模块；

8255 并行接口模块；

双色数码管显示模块；

8259 中断模块；

8254(或 8243)定时器/计数器模块。

【实验要求】

利用实验装置的 8254(或 8253)模块和 8251 模块，通过外环短路线(即将 RXD 和 TXD 短接)，构成自发自收的串行通信实验环境。编写自发自收程序，即将字符串经 8251A 发出，再经 8251A 接收，同时把接收到的内容显示在双色数码上。要求字符发送采用查询方式，接收采用中断方式。

【程序流程图】

程序流程图如图 6.22 所示。

【实验 6.4.2】 8251 异步通信。

【实验设备】

8251 串行通信模块；

8255 并行接口模块；

双色数码管显示模块。

【实验要求】

用两台实验装置采用查询方式完成全双工异步通信。两部实验系统均可随机地经串口发出电文、接收电文，并确定收发正确。收发时钟由分频器电路产生。

【实验 6.4.3】 8251 同步通信。

【实验设备】

8251 串行通信模块；

8255 并行接口模块；

双色数码管显示模块；

8254(或 8243)定时器/计数器模块。

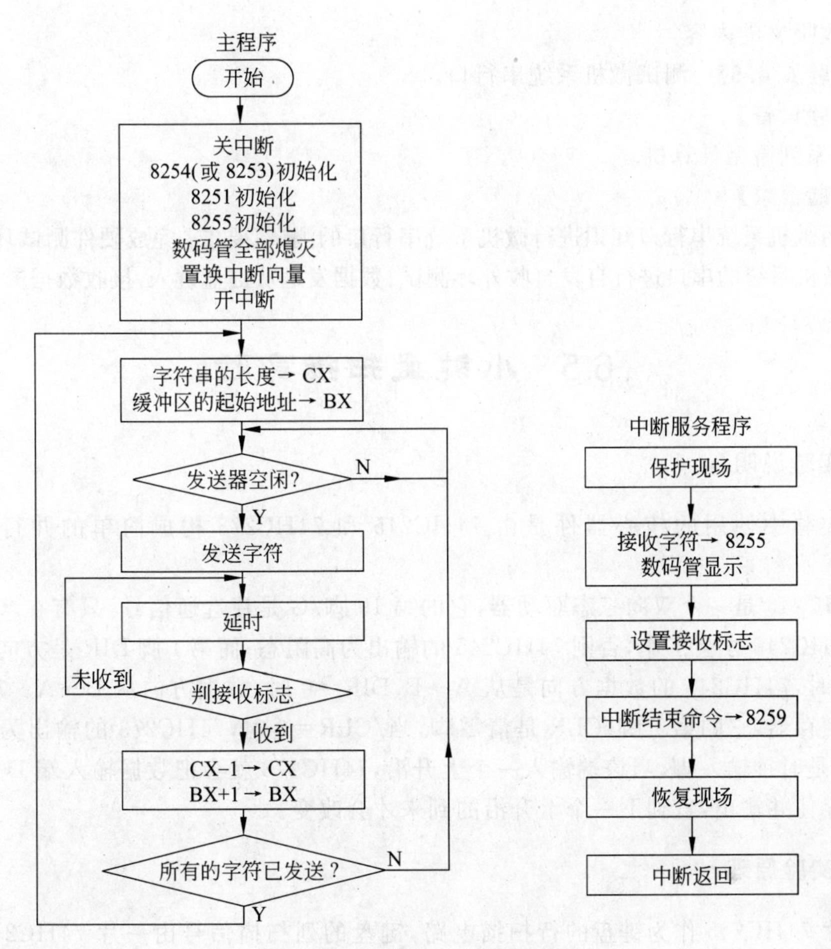

图 6.22 实验 6.4.1 程序框图

【实验要求】

用两台实验装置采用查询方式完成全双工同步通信。要求采用EB9AH作为双同步码,两台实验装置均可随机地经串口发出电文,并能正确接收电文。收发时钟由8254产生。

【编程提示】

在此实验中电文的长度由通信格式中紧跟同步码后面的一个字节的信息决定,因此双方应有通信规约。

【实验 6.4.4】 异步通信实验设计。

【实验设备】

8251串行通信模块;

PC系列微型计算机。

【实验要求】

利用系统机的串口与实验装置进行通信。要求在系统机上设计一窗口,完成系统机与实验装置的通信帧格式及通信波特率的设定;在窗口内可以编辑发送报文的内容并能显示接收报文的内容。

【实验 6.4.5】 测试微机系统串行口。

【实验设备】

PC 系列微型计算机。

【实验要求】

运用微机系统串行口知识进行微机系统串行口的测试;要求:完成硬件测试环境;编写程序对微机系统的串口进行自发自收外环测试;数据发送从键盘键入,接收数据屏幕显示。

6.5 小键盘扫描实验

1. 实验说明

本实验中使用的核心器件是由 74HC245 和 74HC273 构成简单的并行输入/输出口。

74HC245 是一个双向三态驱动器,它的第 19 脚/G 是片选通信号,只有在/G 为低电平时,74HC245 才会工作,否则 74HC245 的输出为高阻态;而第 1 脚 DIR 是方向选择,当 DIR=1 时,74HC245 的数据方向是从 A→B,DIR=0 时,数据方向从 B→A。74HC273 是一个锁存器,它的第 1 脚/CLR 是清零脚,当/CLR=0 时,74HC273 的输出为 0;第 11 脚 CLK 是时钟输入脚,当该端输入一个上升沿,74HC273 就会把数据输入端 D0~D7 的数据锁存住并输出,直到下一个上升沿的到来才会改变。

2. 实验原理

一片 74HC245 作为键盘的行扫描电路,键盘的列扫描信号由一片 74HC273 提供,如图 6.23 所示。74HC245 的 $P_0 \sim P_3$ 已经分别接到 4×3 的小键盘的 4 行。该片 74HC245 的/G 端引了出来(KEYCS0)作为它的片选信号端。图中左边的 74HC273 实现数码管的驱动,右边的 74HC273 除了与 74HC245 配合,作为键盘的行列扫描信号,来确定哪个键被按下,还作为 6 个共阴数码管的位驱动。因为这两片 74HC273 都只作为输出用,所以用一片 74HC32 对 IOW 和它们各自的片选信号进行逻辑与运算,仅当写操作时才会选中它们。在 KEYCS1 和 IOW 有效(低电平)的前提下,74HC32 的输出第 6 脚有效,对应的就是控制位选的 74HC273 被选通。在 KEYCS2 和 IOW 有效(低电平)的前提下,74HC32 的输出第 8 脚有效,对应的就是控制段选的 74HC273 被选通。

从上面的原理图可以看出,本模块显示部分由 6 个共阴极数码管组成,并由两片 74HC273 分别对位选和段选进行控制,位选的选通端子为 KEYCS1,段选的选通端子为 KEYCS2,相应的数码管字形编码如表 6.12 所示。

表 6.12 数码管字形编码表

字形	0	1	2	3	4	5	6	7	8	9	A	B	C	D	E	F
编码	3F	06	5B	4F	66	6D	7D	07	7F	6F	77	7C	39	5E	79	71

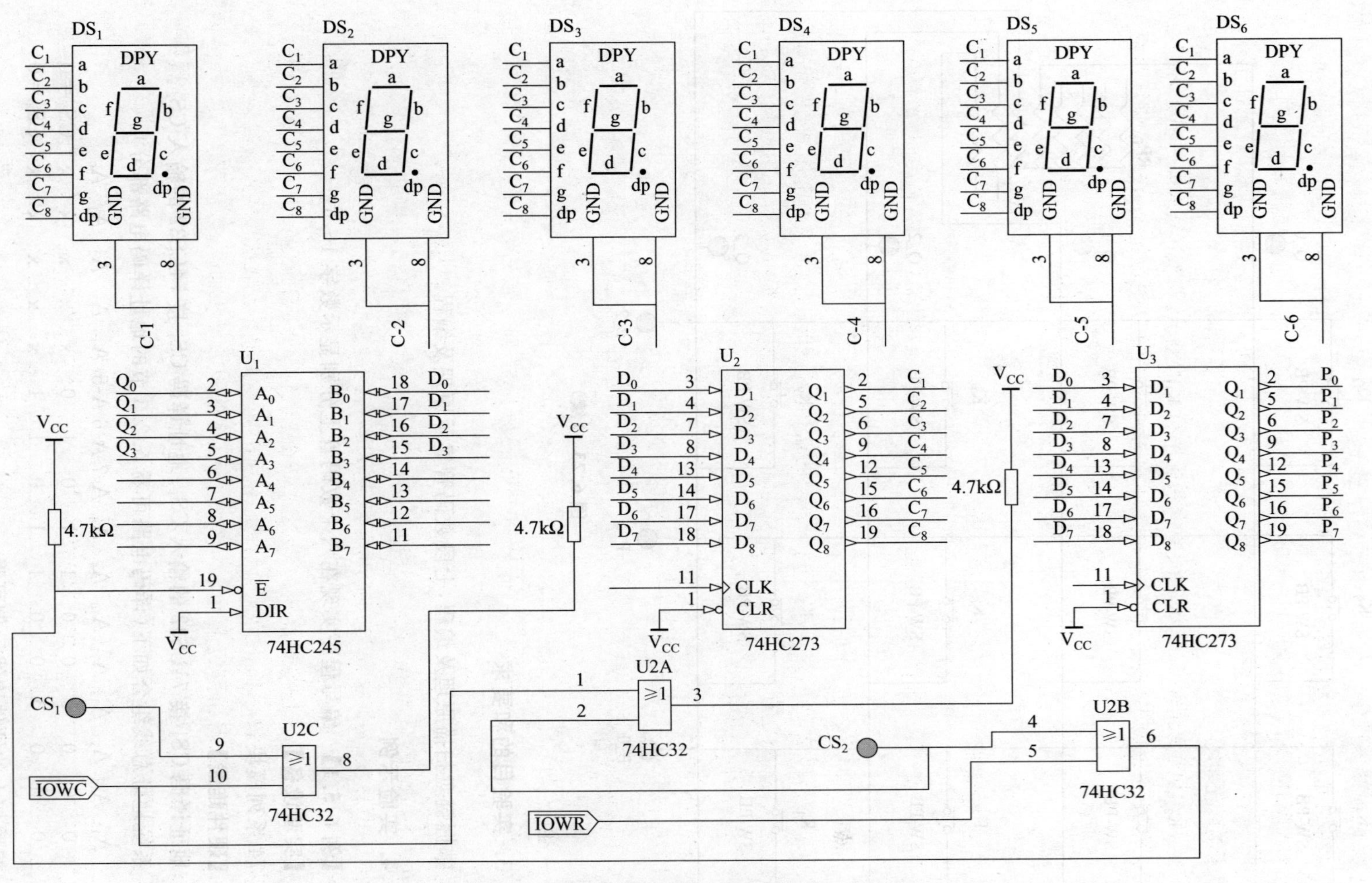

图6.23 键盘扫描和数码管显示模块原理图

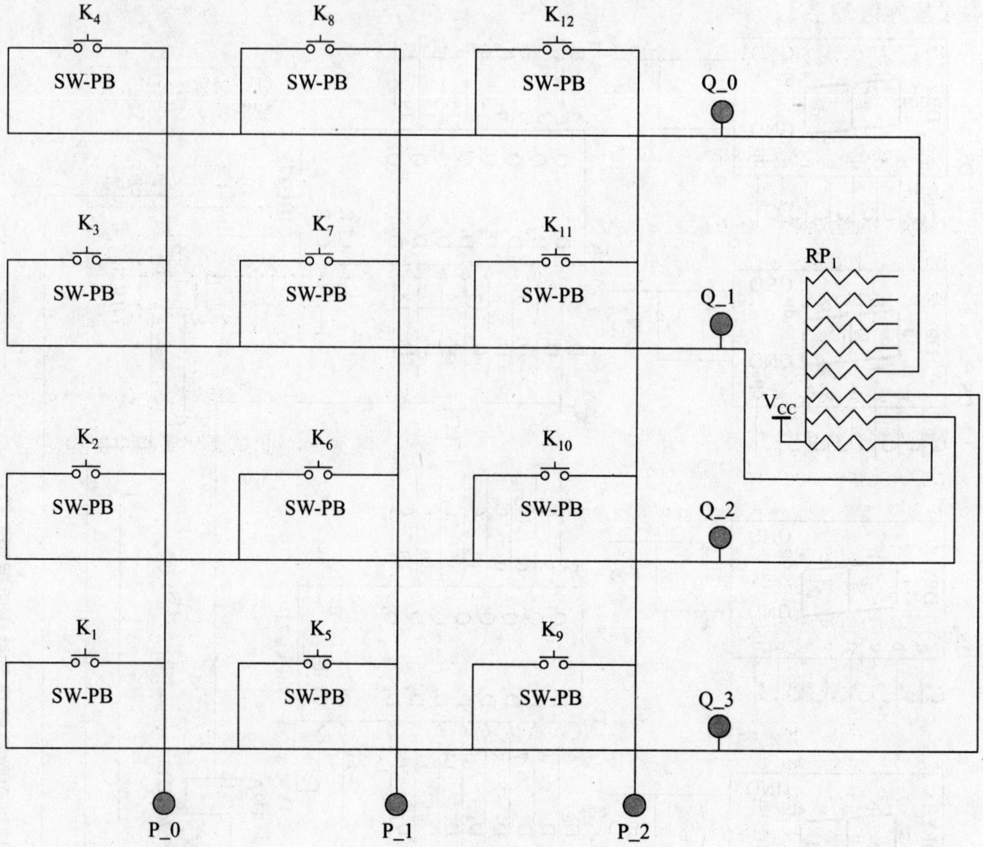

图 6.23 （续）

3. 实验目的和要求

掌握键盘扫描原理及编程，七段数码管显示原理及编程。

4. 实验示例

【例 6.5.1】 编写程序实现在六个数码管上分别显示数字 1～6。

【实验设备】

74 系列模块。

【硬件连线】

地址译码 CS_3 接 74LS32 的输入 CS_1；地址译码 CS_4 接 74LS32 的输入 CS_2。

系统地址总线组合如下(译码电路可看 5.2.3 节的地址译码电路部分)。

A_{15}	A_{14}	A_{13}	A_{12}	A_{11}	A_{10}	A_9	A_8	A-7	A-6	A-5	A_4	A_3	A_2	A_1	A_0	
0	0	0	0	0	0	1	1	0	1	0	x	x	x	x	x	$CS_3=0$
0	0	0	0	0	0	1	1	0	1	1	x	x	x	x	x	$CS_4=0$

按照如上的硬件连线示例可得：

段选锁存器的地址 340H；位选锁存器的地址 360H。

【程序流程图】

程序流程图如图6.24所示。

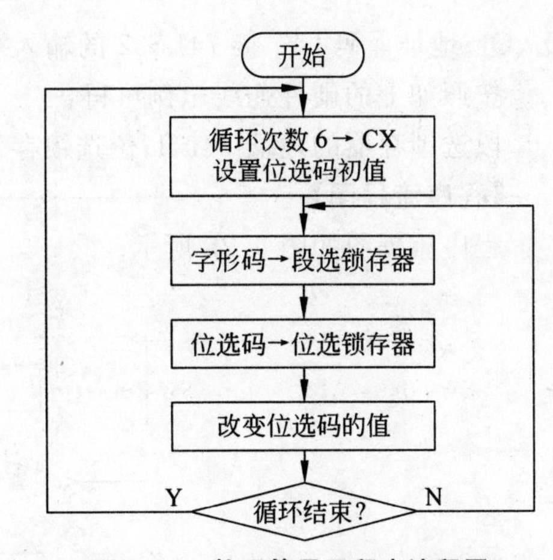

图6.24　数码管显示程序流程图

【程序清单】

```
;FILENAME: EXA651.ASM
.486
DATA    SEGMENT  AT 0 USE16
ORG     1000H
WEI     DB ?
DATA    ENDS
CODE    SEGMENT USE16
ASSUME  CS:CODE
ORG     2000H
BEG:    JMP   START
TAB     DB 3FH,06H,5BH,4FH,66H,6DH,7DH,07H,7FH,6FH
DPORT1 EQU   340H
DPORT2 EQU   360H
START: MOV   AX,DATA
       MOV   DS,AX
AGA:   MOV   CX,6
       MOV   WEI,0FEH
       MOV   AH,1
KK:    MOV   AL,AH
       MOV   BX,OFFSET TAB
       XLAT TAB
       MOV   DX,DPORT1              ;字形码送段选端口
       OUT   DX,AL
       MOV   DX,DPORT2
       MOV   AL,WEI
       OUT   DX,AL                  ;位选码送位选端口
       ROL   WEI,1                  ;改变位选码
       INC   AH
       LOOP KK
       JMP   AGA
CODE   ENDS
       END BEG
```

【例6.5.2】 编程实现不停地扫描键盘,当扫描到有键按下时就把该键的键值(即12个按键的排列顺序)送到数码管上显示。

【实验设备】

74系列模块。

【硬件连线】

小键盘的3根列选通信号线P-0、P-1、P-2分别接至位选74LS273的输出P_0、P_1、P_2;小键盘的4根行扫描信号线Q-0、Q-1、Q-2、Q-3分别接至74LS245的输出Q_0、Q_1、

Q_2、Q_3；地址译码 CS_3 接 74LS32 的输入 CS_1；地址译码 CS_4 接 74LS32 的输入 CS_2。

按照如上的硬件连线示例可得：

段选锁存器的地址 340H；位选锁存器，按键扫描端口的地址 360H。

【程序流程图】

程序流程图如图 6.25 所示。

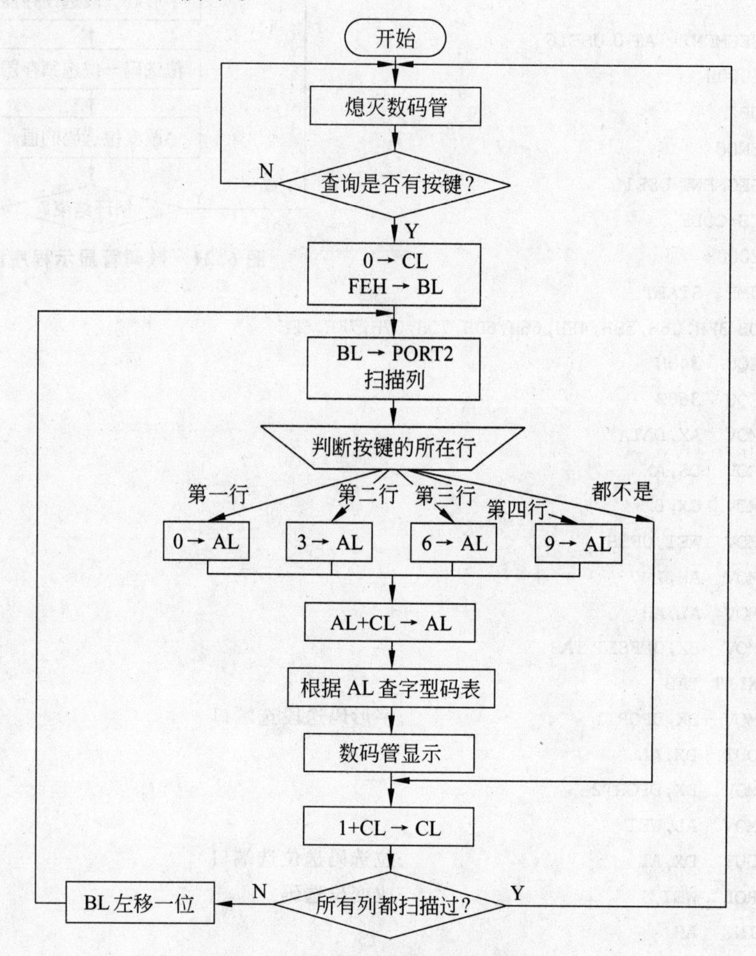

图 6.25 键盘扫描程序流程图

【程序清单】

```
.486
CODE    SEGMENT USE16
        ASSUME  CS:CODE
        ORG   1000H
BEG:    JMP   START
TAB     DB    3FH,06H,5BH,4FH,66H,6DH,7DH,07H
DB      7FH,6FH,77H,7CH,39H,5EH,79H,71H
BUF     DB    8
BIT     EQU   10000000B
```

```
PORT1  EQU  340H
PORT2  EQU  360H
START: MOV  AL,BIT
       MOV  DX,PORT2
       OUT  DX,AL                      ;使数码管全灭
       MOV  DX,PORT2
       IN   AL,DX                      ;是否有键按下
       NOT  AL
       AND  AL,0FH
       JZ   START                      ;没有按键按下继续查询
       MOV  CL,00H                     ;有按键按下
       MOV  BL,0FEH
LK4:   MOV  AL,BL                      ;查询是哪列的按键被按下
       MOV  DX,PORT2
       OUT  DX,AL
       MOV  DX,PORT2
       IN   AL,DX
       TEST AL,01H                     ;查询是哪行的按键被按下
       JNZ  LONE
       MOV  AL,00H
       JMP  LKP
LONE:  TEST AL,02H
       JNZ  LTWO
       MOV  AL,03H
       JMP  LKP
LTWO:  TEST AL,04H
       JNZ  LTHREE
       MOV  AL,06H
       JMP  LKP
LTHREE:TEST AL,08H
       JNZ  NEXT
       MOV  AL,09H
LKP:   ADD  AL,CL
       MOV  BUF,AL
       MOV  SI,BX
       MOV  AL,BUF
       MOV  BX,OFFSET TAB
       XLAT TAB                        ;根据按键查表
       MOV  DX,PORT1                   ;数码管显示
       OUT  DX,AL
       MOV  DX,PORT2
       MOV  AL,BIT
       OUT  DX,AL
       MOV  BX,SI
```

```
NEXT:  INC  CL
       TEST BL,08H
       JZ   START
       ROL  BL,1
       JMP  LK4
CODE   ENDS
       END  BEG
```

5. 实验项目

【实验 6.5.1】 静态学号显示。

【实验设备】

74 系列模块。

【实验要求】

编程实现在数码管上静态地显示 6 位学号。

【实验 6.5.2】 动态学号显示。

【实验设备】

74 系列模块。

【实验要求】

编程实现在数码管电路 1～6 位数码管上按图 6.26 所示的规律动态显示 6 位学号。

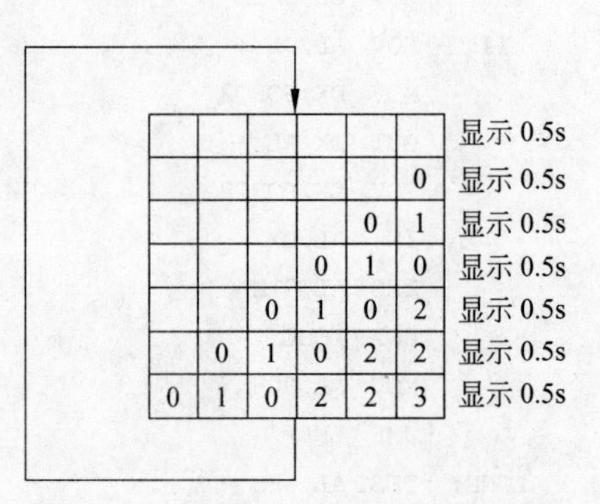

图 6.26 实验 6.5.3 数码管显示规律

【实验 6.5.3】 动静态显示。

【实验设备】

74 系列模块。

【实验要求】

在数码管电路上，显示 6 位不同的数字，其中前 4 位数字静态显示(模拟某单元的有效地址)，后 2 位数字闪烁显示(模拟该单元的内容)，当小键盘按下任意键时，结束演示。

6.6 D/A 转换实验

1. 实验说明

本实验中使用的核心器件是 DAC0832。

(1) D/A 转换原理

数/模转换实质上是将每一位代码按其“权”值变换成相应的模拟量，然后将代表各位的模拟量相加，从而获得与数字量成比例的模拟量，这样就完成了数字-模拟的转换，简称 D/A 转换。

(2) DAC0832 器件使用要点

DAC0832 是电流型的 D/A 转换器，它的内部有一个 T 型电阻网络，用来实现 D/A 转换。DAC0832 的模拟量是以电流方式输出，因此需外加电路才能得到模拟电压输出，实验电路中以一运算放大器 OP07 实现电压输出。在 DAC0832 内部有两极锁存器,即它可以工作在双缓冲工作方式也可以工作在单缓冲工作方式。因此 DAC0832 有 3 种工作方式。

① 双缓冲方式。通常采用的接线方式为:ILE 固定接+5V,CPU 的 IOW 信号复连到 WR_1 和 WR_2,用 CS 作为输入寄存器的"片选"信号,XFER 作为 DAC 寄存器的"片选"信号,接到 I/O 口地址译码输出。数据写入时分两次进行,第一次对输入寄存器写入待转换的数字量,第二次针对 DAC 寄存器执行一次写操作,第二次的写操作只是一次"虚拟写操作",写入什么数据是无关紧要的,目的只是为了启动 DAC 寄存器的锁存功能。双缓冲方式的优点是:在 D/A 转换的同时,可接收下一个待转换数据。

② 单缓冲方式。采用单缓冲方式是令两个寄存器中的一个处于直通状态,例如把 WR_2 和 XFER 接地(数字信号地),使 DAC 寄存器处于直通状态,ILE 接+5V,WR_1 接 CPU 的 IOW,CS 接 I/O 口地址译码器。只针对 CS 端进行一次写入操作,数据写入后即开始 D/A 转换。

③ 直通方式。当 ILE 接+5V,CS、WR_1、WR_2、XFER 都接地(数字信号地),此时 DAC0832 处于直通方式,输入端 $DI_7 \sim DI_0$ 一旦出现数字信号就立即进行 D/A 转换,由于输入不使用缓冲寄存器,所以不能和计算机系统的数据线相连。

DAC0832 在本实验系统中只使用了双缓冲方式和单缓冲方式,而方式的转换是通过将 WR_2 接地或接地址译码的输出信号来实现。在单缓冲方式下,将 WR_2 接到地线,进行一次写就可以了。在双缓冲方式下,只需要将 WR_2 接地址译码的输出信号,再进行一次虚写。

2. 实验原理

D/A 转换电路原理图如图 6.27 所示。

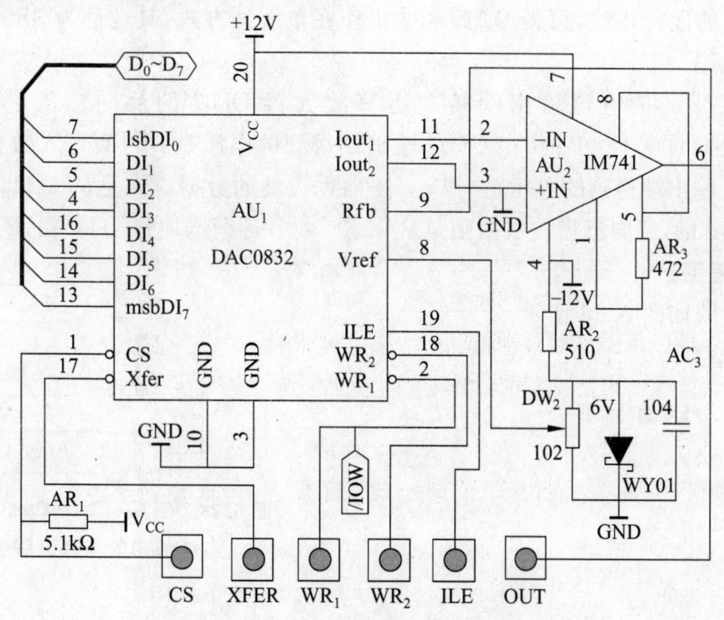

图 6.27 D/A 转换电路原理图

3. 实验目的和要求

掌握 D/A 转换电路的工作原理,DAC0832 芯片的使用和编程。

4. 实验示例

【例 6.6.1】 编程实现数/模转换,使 0832OUT 端子产生锯齿波波形,用示波器监视该波形。

【实验设备】

D/A 转换模块;

示波器。

【硬件连线】

D/A 转换模块的连线:

译码地址输出端 CS_8 接 DAC0832 的 CS;DAC0832 的 ILE 接+5V;DAC0832Xfer、WR_2 接 GND;DAC0832 的 OUT 可接示波器,观测波形。

地址译码的连线:

GAL 的地址输入端 A-5 接至地址线 A_5;

GAL 的地址输入端 A-6 接至地址线 A_6;

GAL 的地址输入端 A-7 接至地址线 A_7。

系统地址总线组合如下(译码电路可看 5.2.3 节的地址译码电路部分)。

A_{15}	A_{14}	A_{13}	A_{12}	A_{11}	A_{10}	A_9	A_8	A-7	A-6	A-5	A_4	A_3	A_2	A_1	A_0	
0	0	0	0	0	0	0	1	1	1	1	1	x	x	x	x	$CS_8=0$

按照如上的硬件连线,可得 DAC0832 工作在单缓冲方式,其地址为 3E0H。

【程序分析】

由于 DAC0832 的电流输出端接在运算放大器 OP07 的反向输入端,因此,当向 DAC0832 写数据 00000000B 时,在 OP07 输出端得到的电压是 0V,而写入数据 11111111B 时,则在 OP07 输出端得到的电压是-5V。正向锯齿波的数据应该是从 11111111B 逐渐减小到 00000000B 的,反向锯齿波数据则是从 00000000B 逐渐增加到 11111111B 的。

【程序流程图】

程序流程图如图 6.28 所示。

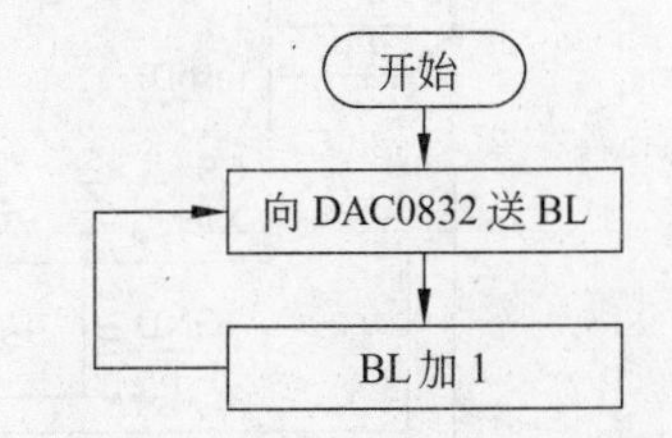

图 6.28 例 6.6.1 DAC0832 产生锯齿波波形的程序流程图

【程序清单】

```
;FILENAME: EXA661.ASM
.486
CODE SEGMENT USE16
     ASSUME  CS:CODE
ORG     1000H
DAPORT EQU 3E0H
BEG:   MOV  AL,0
       MOV  DX,DAPORT                       ;DAC0832 地址
```

```
        OUT  DX,AL
        INC  AL
        JMP  BEG
CODE    ENDS
        END  BEG
```

5. 实验项目

【实验 6.6.1】 数模转换产生三角波。

【实验设备】

D/A 转换模块；

示波器。

【实验要求】

完成相应的硬件连线，编写程序，使 DAC0832 工作在单缓冲方式下，产生三角波波形。

【实验 6.6.2】 数模转换产生正弦波。

【实验设备】

D/A 转换模块；

示波器。

【实验要求】

完成相应的硬件连线，编写程序，使 DAC0832 工作在双缓冲方式下，产生正弦波波形。

6.7 A/D 转换实验

1. 实验说明

本实验中使用的核心器件是 ADC0809。

(1) A/D 转换原理

ADC0809 是逐次逼近式 A/D 转换芯片。逐次逼近式 A/D 转换器是一种转换速度较快，转换精度较高的转换器。它们被广泛地应用于中高速数据采集系统、在线自动检测系统、动态测控系统等领域中。它是用一系列的基准电压同要转换的电压进行比较，逐位确定转换成的各位数是 1 还是 0，确定次序是从高位向低位进行的。

(2) ADC0809 芯片使用要点

ADC0809 芯片可以完成 8 路模拟量→数字量的转换，内部配有地址译码电路，通过地址线 ADDC、ADDB、ADDA 和地址锁存信号 ALE，选通 IN_0～IN_7 共 8 路中模拟量之一。内部采用逐次逼近的 A/D 转换原理，转换后的 8 位数字量通过三态缓冲器输出。一次模拟量的转换时间为 100μs，转换结束后从 EOC 端输出转换结束信号。如果 ADC0809 用于微处理器系统，则 EOC 信号可作为 CPU 的中断请求信号。

2. 实验原理

A/D 转换电路原理图如图 6.29 所示。

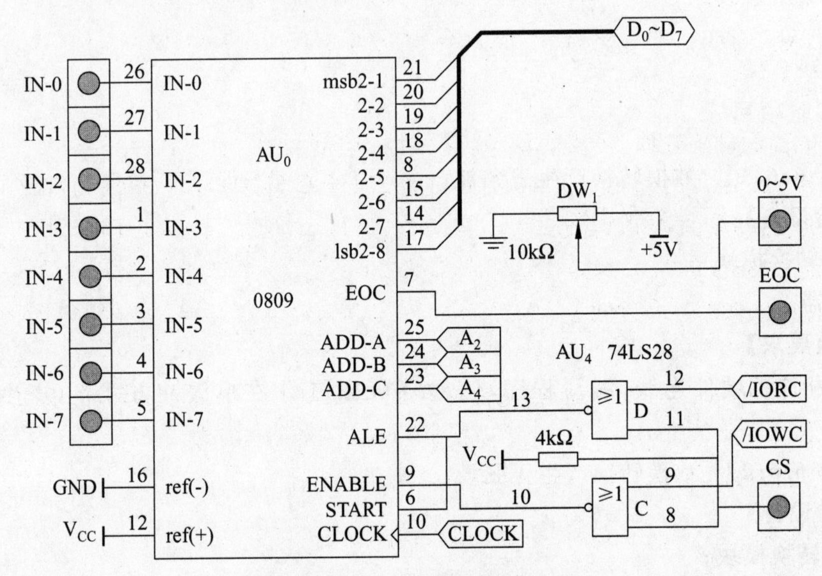

图 6.29 A/D 转换电路原理图

3. 实验目的和要求

掌握 A/D 转换电路的工作原理和 AD0809 芯片的使用方法。

4. 实验示例

【例 6.7.1】 编程实现按一次性采样方式采样 A/D 转换数据，调节电位器，将转换结果在并行接口 8255 模块的双色数码管上显示。

【实验设备】

A/D 转换模块；

8255 并行接口模块；

双色数码管显示模块。

【硬件连线】

8255 并行接口模块的连线：

地址输出端 CS-1 接 8255CS-1；地址输出端 CS-2 接 8255CS-2；

地址输出端 CS-3 接 8255CS-3；地址输出端 CS-4 接 8255CS-4。

A/D 转换模块的连线：

地址输出端 CS_7 接 ADC0809 的 CS，ADC0809 的 IN-0 接电位器输出 OUT 端，电位器输入 IN 端接＋5V。

地址译码的连线：

GAL 的地址输入端 A-5 接至地址线 A_5；

GAL 的地址输入端 A-6 接至地址线 A_6；

GAL 的地址输入端 A-7 接至地址线 A_7。

系统地址总线组合如下(译码电路可看 5.2.3 节的地址译码电路部分)。

A_{15}	A_{14}	A_{13}	A_{12}	A_{11}	A_{10}	A_9	A_8	A-7	A-6	A-5	A_4	A_3	A_2	A_1	A_0	
0	0	0	0	0	0	0	1	1	1	1	x	x	x	x	x	$CS_7=0$

按照上面的硬件连线,可得 ADC0809 地址 3C0H。

第一片 8255A 的 A 口地址 200H,B 口为 204H,C 口为 208H,控制端口为 20CH。

第二片 8255A 的 A 口地址 201H,B 口为 205H,C 口为 209H,控制端口为 20DH。

第三片 8255A 的 A 口地址 202H,B 口为 206H,C 口为 20AH,控制端口为 20EH。

第四片 8255A 的 A 口地址 203H,B 口为 207H,C 口为 20BH,控制端口为 20FH。

【程序分析】

ADC0809 的 START 端为 A/D 转换启动信号,ALE 端为通道选择地址的锁存信号。实验电路中将其相连,一边同时锁存通道地址并开始 A/D 采样转换。其输入控制信号为 CS 和 IOW,所以启动 A/D 转换只需如下两条指令:

```
MOV  DX,PORTADC                          ;ADC0809的端口地址
OUT  DX,AL                               ;发 CS 和 IOW 信号
```

【程序流程图】

程序流程图如图 6.30 所示。

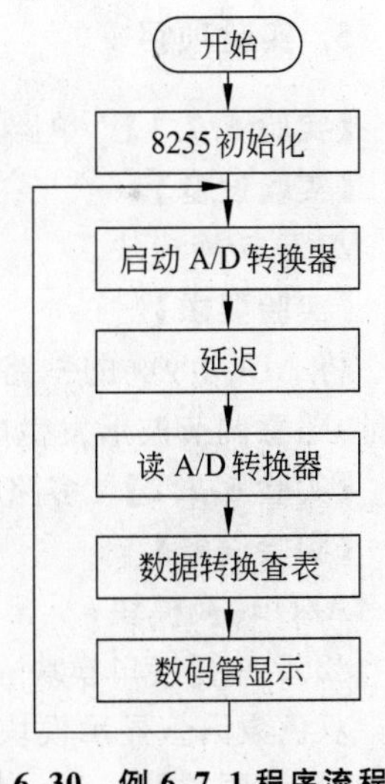

图 6.30 例 6.7.1 程序流程图

【程序清单】

```
;FILENAME: EXA671.ASM
.486
CODE    SEGMENT  USE16
        ASSUME   CS:CODE
        ORG  1000H
BEG:    JMP  START
TAB     DB   0C0H,0F9H,0A4H,0B0H,99H,92H,82H,0F8H
        DB   80H,90H,88H,83H,0C6H,0A1H,86H,8EH
ADPORT EQU   3C0H
A8255   EQU  200H
B8255   EQU  204H
C8255   EQU  208H
CC8255 EQU   20CH
START: MOV   DX,CC8255                          ;8255初始化
        MOV AL,80H
        OUT DX,AL
LAST:   MOV DX,ADPORT
        OUT DX,AL                               ;启动 A/D 转换
        MOV CX,80
NEXT:   DEC CX                                  ;延时
        JNZ NEXT
```

```
        MOV  DX,ADPORT
        IN   AL,DX                          ;读数据
        MOV  AH,AL
        SHR  AL,4
        MOV  BX,OFFSET TAB
        XLAT TAB
        MOV  DX,A8255
        OUT  DX,AL                          ;将 A/D 转换结果变换成数码管
        AND  AH,0FH                         ;编码,通过 8255 输出并显示
        MOV  AL,AH
        MOV  BX,OFFSET TAB
        XLAT TAB
        MOV  DX,B8255
        OUT  DX,AL
        MOV  DX,C8255
        MOV  AL,05                          ;颜色编码
        OUT  DX,AL
        JMP  LAST
CODE    ENDS
        END  BEG
```

5. 实验项目

【实验 6.7.1】 单路模数转换实验。

【实验设备】

A/D 转换模块。

【实验要求】

将 ADC 0809 的一路模拟量输入,接至波形发生电路输出,实现一路模拟量转换成数字量,随意调节波形发生电路电位器,通过上位机软件查看转换结果。

【实验 6.7.2】 多路模数转换实验。

【实验设备】

A/D 转换模块;

8255 并行接口模块;

双色数码管显示模块。

【实验要求】

将 ADC 0809 的一路模拟量输入,接至波形发生器;另一路模拟量输入,直接接至电位器,实现双路模拟量转换成数字量,并将转换后的结果显示在数码管。

【实验 6.7.3】 A/D 和 D/A 同时转换。

【实验设备】

A/D 转换模块;

示波器。

【实验要求】

将 A/D 的输出接至 D/A 的输入,编程实现 A/D、D/A 同时进行转换,通过双踪示波

器观察输入和输出波形。

6.8 存储器扩充实验

1. 实验说明

微处理器内具有存储管理功能。32 位微处理器有 32 根数据线，它与存储空间和 I/O 空间之间的数据通道可以是 8 位、16 位和 32 位。以不同的数据线宽度访问外部时，微处理器主要根据外部提供的 BS_8 和 BS_{16} 信号，区分 3 种数据线宽度。表 6.13 给出了 BE_0、BE_1、BE_2 和 BE_3 为不同值时所对应的数据线。

表 6.13 数据线宽度表

BE_3	BE_2	BE_1	BE_0	$BS_8=BS_{16}=1$	$BS_8=0$	$BS_8=1$ $BS_{16}=0$
1	1	1	0	$D_7 \sim D_0$	$D_7 \sim D_0$	$D_7 \sim D_0$
1	1	0	0	$D_{15} \sim D_0$	$D_7 \sim D_0$	$D_{15} \sim D_0$
1	0	0	0	$D_{23} \sim D_0$	$D_7 \sim D_0$	$D_{15} \sim D_0$
0	0	0	0	$D_{31} \sim D_0$	$D_7 \sim D_0$	$D_{15} \sim D_0$
1	1	0	1	$D_{15} \sim D_8$	$D_{15} \sim D_8$	$D_{15} \sim D_8$
1	0	0	1	$D_{23} \sim D_8$	$D_{15} \sim D_8$	$D_{15} \sim D_8$
0	0	0	1	$D_{31} \sim D_8$	$D_{15} \sim D_8$	$D_{15} \sim D_8$
1	0	1	1	$D_{23} \sim D_{16}$	$D_{23} \sim D_{16}$	$D_{23} \sim D_{16}$
0	0	1	1	$D_{31} \sim D_{16}$	$D_{23} \sim D_{16}$	$D_{31} \sim D_{16}$
0	1	1	1	$D_{31} \sim D_{24}$	$D_{31} \sim D_{24}$	$D_{31} \sim D_{24}$

根据表中的逻辑关系，就可以设计出不同数据线宽度的存储器。

2. 实验原理

32 位存储器扩充的原理如图 6.31 所示，由 4 片 8K×8 的 SRAM(6264)位扩展组成数据线宽度为 32 位的存储器，其容量为 8K×32。实验机用一片 GAL16V8 译码得到存储地址范围为：4000:0000～4000:7FFFH。数据线宽度为 32 位的存储器的设计很简单，但需把 BS_8 和 BS_{16} 均置为高电平，这已由实验装置实现。

8 位存储器扩充原理如图 6.32 所示。在 80486 微型计算机中，实现数据线宽度为 8 的存储器需要在地址和数据线两方面进行特殊设计。实验机用一片 GAL16V8 译码得到该片 6264 的存储地址范围为：4000:8000～4000:9FFFH，GAL16V8 译码输出同时送给该片 6264 的片选端 $\overline{CS_1}$ 以及 80486CPU 的 BS_8 引脚，通知 CPU 是单字节的数据交换；GAL16V8 译码输出信号同时还必须与 $BE_0 \sim BE_3$ 组成字节交换逻辑，以选通相应的 74HC245 确定哪 8 位数据线与 6264 交换信息。实验装置已经在 GAL 设计出字节交换逻辑（详细内容可参考前面的地址译码部分），并将相应的输出与4片74HC245的

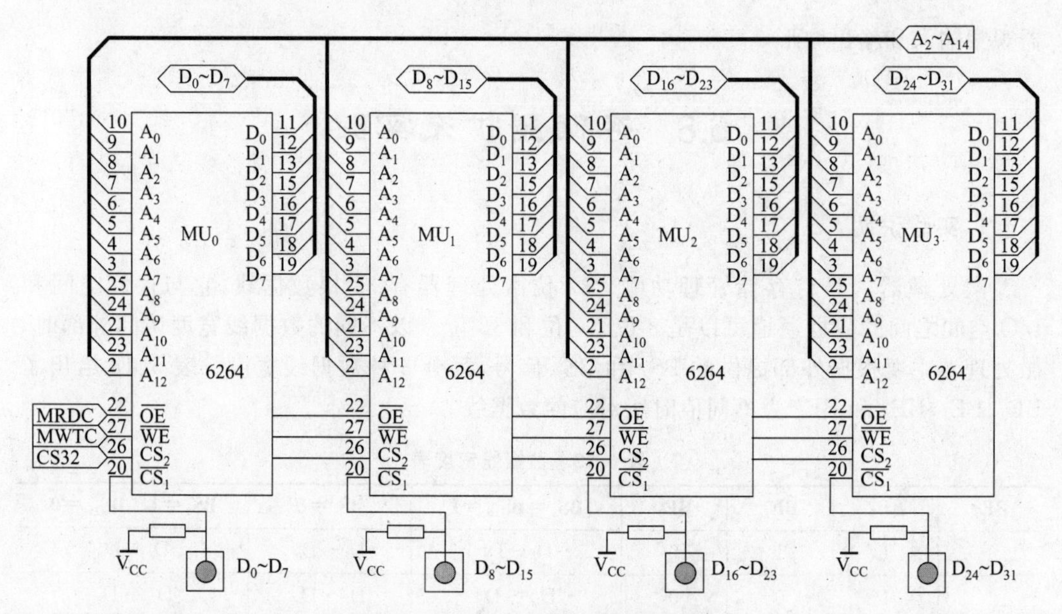

图 6.31　32 位存储器扩充的原理图

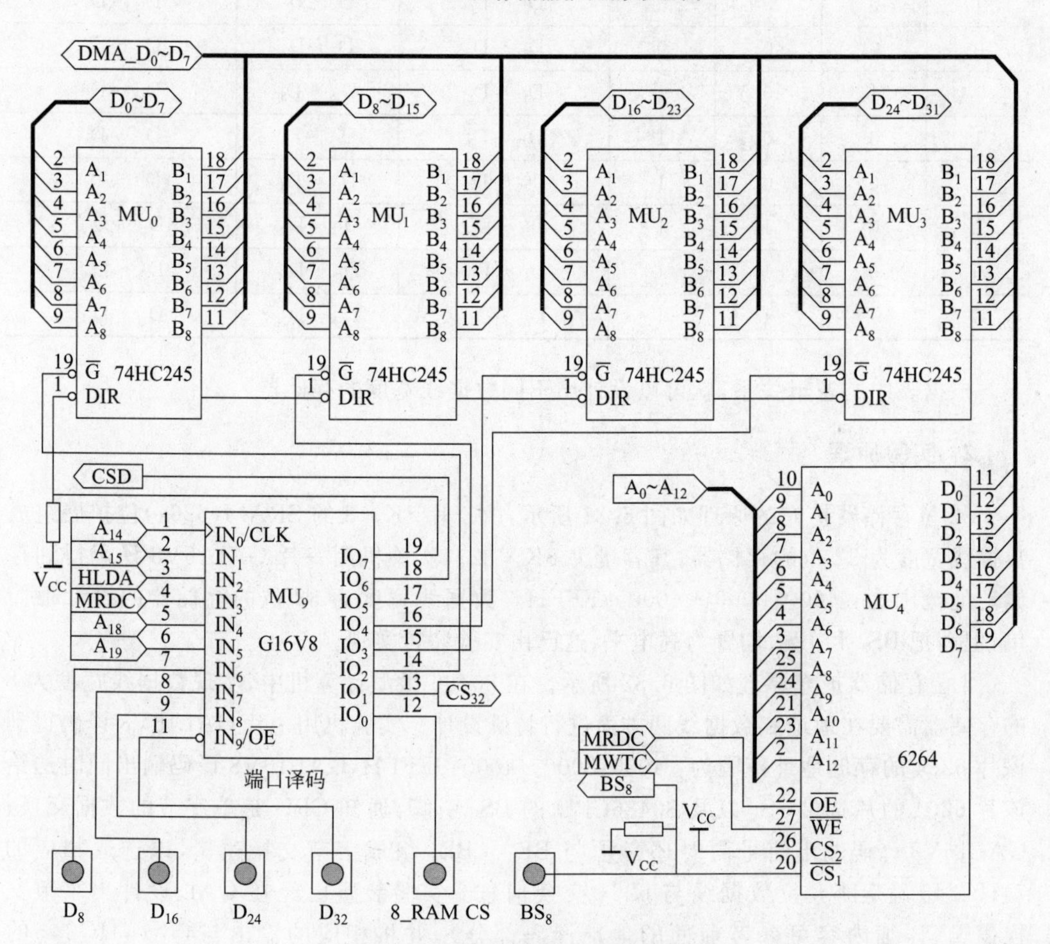

图 6.32　8 位存储器扩充原理图

选通端连接好，用户只需要将系统总线信号 BE_0、BE_1、BE_2、BE_3 分别连到 GAL 的 4 个输入端(分别是 D_8、D_{16}、D_{24}、D_{32})即可，用它对 4 片 74HC245 进行控制，以实现单字节的数据交换。74HC245 常用来作为数据驱动，它是个三态器件，而且 A、B 两组引脚既可以输入也可以输出，这两个功能是由选通脚/G 和方向控制脚 DIR 来控制实现的：当/G＝0 时，74HC245 被选中，处于工作状态；当/G＝1 时，74HC245 的输出处于高阻态；当 DIR＝1 时，74HC245 的方向是 A→B；当 DIR＝0 时，74HC245 的方向是 B→A。

3. 实验目的和要求

熟悉 8 位和 32 位微型计算机主存储器扩充设计。

4. 实验示例

【例 6.8.1】 编程实现对 4 片 6264 进行检测，先对 4000:0000H～4000:7FFFH 写入同一个字符，然后依次读出每个单元的数据并检验是否与写入的数据一样，如果一样表示该单元是正常的，并在 8255 模块用绿色显示该单元的数据，否则表示该单元是坏的，则用红色显示该单元的数据。等所有单元全部读出后又计算一个数据写入所有单元，然后再读，循环往复。

【实验设备】

存储器扩充模块；

8255 并行接口模块；

双色数码管显示模块。

【硬件连线】

内存扩展模块的连线：将总线的 BE_0、BE_1、BE_2 和 BE_3 连接到 32 位内存扩展模块的 D_0～D_7、D_8～D_{16}、D_{15}～D_{23} 和 D_{24}～D_{31}。

8255A 的连线：地址输出端 CS-1 接至 8255 的 CS-1；地址输出端 CS-2 接至 8255 的 CS-2；地址输出端 CS-3 接至 8255 的 CS-3；地址输出端 CS-4 接至 8255 的 CS-4。

按照如上的硬件连线示例可得：

第一片 8255 的端口 A 地址为 200H；端口 B 地址为 204H；端口 C 地址为 208H；控制口地址为 20CH。

第二片 8255 的端口 A 地址为 201H；端口 B 地址为 205H；端口 C 地址为 209H；控制口地址为 20DH。

第三片 8255 的端口 A 地址为 202H；端口 B 地址为 206H；端口 C 地址为 20AH；控制口地址为 20EH。

第四片 8255 的端口 A 地址为 203H；端口 B 地址为 207H；端口 C 地址为 20BH；控制口地址为 20FH。

【程序流程图】

为了全面地检查随机存储器部件功能，一般采用软件工具的方法实现测试。一种存储器测试程序的框图如图 6.33 所示。

框图中的参数 δ、ε 与累加器 Acc 有关，具体取值如表 6.14 所示。

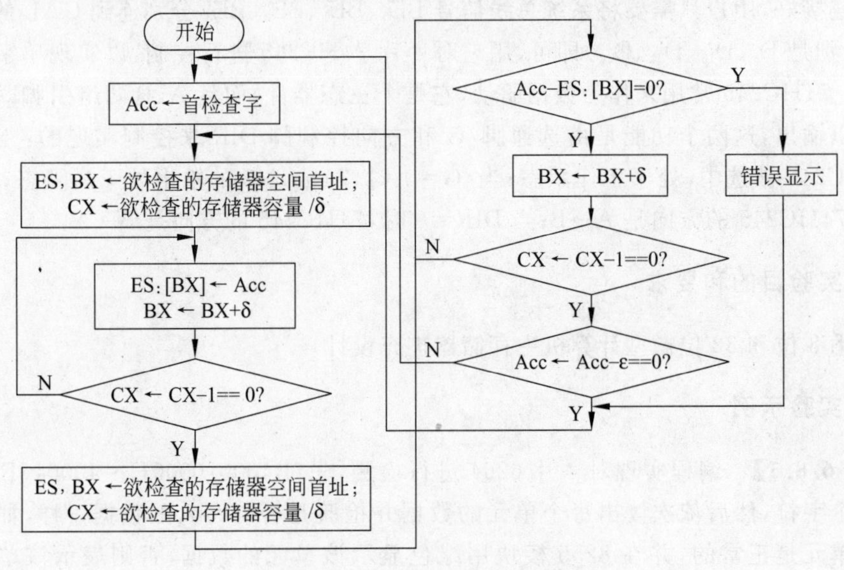

图 6.33 例 6.8.1 程序流程图

表 6.14 参数取值表

Acc	首检查字	δ	ε
AL	0FFH	1	1
AX	0FFFFH	2	0101H
EAX	0FFFFFFFFH	4	01010101H

【程序清单】

```
;FILENAME: EXA681.ASM
.486
CODE    SEGMENT USE16
        ASSUME    CS:CODE
        ORG       1000H
BEG:    CC8255  EQU   20CH
        A8255   EQU   200H
        B8255   EQU   204H
        C8255   EQU   208H
        MOV     EAX,80808080H                    ;8255 初始化
        MOV     DX,CC8255
        OUT     DX,EAX
AGA:    MOV     AX,4000H
        MOV     ES,AX
        MOV     EAX,0                            ;从 4000:0000H 单元开始写
CHK:    MOV     BX,0000H
        MOV     ES:[BX],EAX
```

```
        MOV     DX,A8255                        ;将写入数据显示到数码管
        OUT     DX,EAX
        MOV     DX,B8255
        OUT     DX,EAX
        MOV     EBP, EAX
        MOV     EAX,0A0A0A0AH                   ;数码管显示绿色
        MOV     DX,C8255
        OUT     DX,EAX
        MOV     EAX,EBP
CHK1:   ADD     BX,4
        CMP     BX,8000H
        JZ      CHK2                            ;写满 8000H 个内存单元
        MOV     ES:[BX],EAX
        JMP     CHK1
CHK2:   MOV     BX,0FFFCH
CHK3:   ADD     BX,4
        CMP     BX,8000H
        JZ      CHK0
        CMP     EAX,ES:[BX]                     ;把每个单元读出的数据与写入的
        JZ      CHK3                            ;数据比较,是否正确
        MOV     ECX,EAX                         ;不正确,颜色变成红色
        MOV     EAX,05050505H
        MOV     DX,C8255
        OUT     DX,EAX
        MOV     EAX,ECX
        CALL    DEL1                            ;延时
CHK0:   ADD     EAX,01010101H
        CMP     EAX,0FFFFFFFFH
        JNZ     CHK                             ;下一个写入的数据
CHK4:   JMP     AGA
DEL1    PROC                                    ;延时
        MOV     ECX,4FFFFH
I2:     DEC     ECX
        JNZ     I2
        RET
        ENDP
CODE    ENDS
        END     BEG
```

【例 6.8.2】 编程实现对一片 6264 进行检测,先对 4000:8000H～4000:9FFFH 写入同一个字符,然后依次读出每个单元的数据并检验是否与写入的数据一样,如果一样表示该单元是正常的,并在 8255 模块用绿色显示该单元的数据,否则表示该单元是坏的,则用红色显示该单元的数据。等所有单元全部读出后又计算一个数据写入所有单元,然后再读,循环往复。

【实验设备】

存储器扩充模块；

8255 并行接口模块；

双色数码管显示模块。

【硬件连线】

内存扩展模块的连线：

将 GAL 译码后输出的$\overline{BE_0}$、$\overline{BE_1}$、$\overline{BE_2}$ 和$\overline{BE_3}$ 连接到 32 位内存扩展模块的 $D_0 \sim D_7$、$D_8 \sim D_{16}$、$D_{15} \sim D_{23}$ 和 $D_{24} \sim D_{31}$；CS_8-RAM 接 BS_8。

8255A 的连线：地址输出端 CS-1 接至 8255 的 CS-1；地址输出端 CS-2 接至 8255 的 CS-2；地址输出端 CS-3 接至 8255 的 CS-3；地址输出端 CS-4 接至 8255 的 CS-4。

按照如上的硬件连线示例可得：

第一片 8255 的端口 A 地址为 200H；端口 B 地址为 204H；端口 C 地址为 208H；控制口地址为 20CH。

第二片 8255 的端口 A 地址为 201H；端口 B 地址为 205H；端口 C 地址为 209H；控制口地址为 20DH。

第三片 8255 的端口 A 地址为 202H；端口 B 地址为 206H；端口 C 地址为 20AH；控制口地址为 20EH。

第四片 8255 的端口 A 地址为 203H；端口 B 地址为 207H；端口 C 地址为 20BH；控制口地址为 20FH。

【程序流程图】

测试程序的流程图如图 6.33 所示。

【程序清单】

```
.486
CODE    SEGMENT USE16
        ASSUME  CS:CODE
        ORG     1000H
BEG:    CC8255  EQU 20CH
        A8255   EQU 200H
        B8255   EQU 204H
        C8255   EQU 208H
        MOV     EAX,80808080H                   ;8255初始化
        MOV     DX,CC8255
        OUT     DX,EAX
AGA:    MOV     AX,4000H
        MOV     ES,AX
        MOV     EAX,0                           ;从 4000:8000H 单元开始写
CHK:    MOV     BX,8000H
        MOV     ES:[BX],EAX
        MOV     DX,A8255                        ;将写入数据显示到数码管
        OUT     DX,EAX
```

```
        MOV     DX,B8255
        OUT     DX,EAX
        MOV     EBP, EAX
        MOV     EAX,0A0A0A0AH                       ;数码管显示绿色
        MOV     DX,C8255
        OUT     DX,EAX
        MOV     EAX,EBP
CHK1:   ADD     BX,4
        CMP     BX,0A000H
        JZ      CHK2                                ;写满 2000H 个内存单元
        MOV     ES:[BX],EAX
        JMP     CHK1
CHK2:   MOV     BX,07FFCH
CHK3:   ADD     BX,4
        CMP     BX,0A000H
        JZ      CHK0
        CMP     EAX,ES:[BX]                         ;把每个单元读出的数据与写入的
        JZ      CHK3                                ;数据比较,是否正确
        MOV     ECX,EAX                             ;不正确,颜色变成红色
        MOV     EAX,05050505H
        MOV     DX,C8255
        OUT     DX,EAX
        MOV     EAX,ECX
        CALL    DEL1                                ;延时
CHK0:   ADD     EAX,01010101H
        CMP     EAX,0FFFFFFFFH
        JNZ     CHK                                 ;下一个写入的数据
CHK4:   JMP     AGA
DEL1    PROC                                        ;延时
        MOV     ECX,4FFFFH
I2:     DEC     ECX
        JNZ     I2
        RET
        ENDP
CODE    ENDS
        END     BEG
```

5. 实验项目

【实验 6.8.1】 设计 32 位 RAM 检查程序(1)。

【实验设备】

存储器扩充模块;

8255 并行接口模块;

双色数码管显示模块。

【实验要求】

采用字节检查方式,检查存储空间为4000:0～4000:7FFFH的存储器功能。当检查结果正确时,利用双色数码管直接显示检查字节(绿色);当检查结果错误时,利用双色数码管直接显示检查字节(红色)。

【实验6.8.2】 设计8位RAM检查程序(1)。

【实验设备】

存储器扩充模块;

8255并行接口模块;

双色数码管显示模块。

【实验要求】

采用字节检查方式,检查存储空间为4000:8000H～4000:9FFFH的存储器功能。当检查结果正确时,利用双色数码管直接显示检查字节(绿色);当检查结果错误时,利用双色数码管直接显示检查字节(红色)。

【实验6.8.3】 设计32位RAM检查程序(2)。

【实验设备】

存储器扩充模块;

8255并行接口模块;

双色数码管显示模块。

【实验要求】

采用字检查方式,检查存储空间为4000:0～4000:7FFFH的存储器功能。当检查结果正确时,利用双色数码管直接显示检查字(绿色);当检查结果错误时,利用双色数码管直接显示检查字(红色)。

【实验6.8.4】 设计8RAM检查程序(2)。

【实验设备】

存储器扩充模块;

8255并行接口模块;

双色数码管显示模块。

【实验要求】

采用字检查方式,检查存储空间为4000:8000H～4000:9FFFH的存储器功能。当检查结果正确时,利用双色数码管直接显示检查字(绿色);当检查结果错误时,利用双色数码管直接显示检查字(红色)。

6.9 DMA实验

1. 实验说明

本实验中使用的核心器件是8237A。8237A是Intel公司研制的可编程DMA控制器。

(1) 8237A 寄存器

直接存储器访问(Direct Memory Access,DMA)是指不经过 CPU、直接用硬件实现的外部设备与主存储器之间的高速数据传送。在 DMA 传送方式中,DMA 控制器(DMAC)发挥了核心作用。

8237A 内部可编程寄存器分两类:一类是 4 个通道共用的寄存器,另一类是各个通道专用的寄存器。

① 控制寄存器。8237A 的 4 个通道共用一个控制寄存器。编程时,由 CPU 写入控制字,而由复位信号(RESET)或软件清除命令清除它。控制寄存器格式如图 6.34 所示。

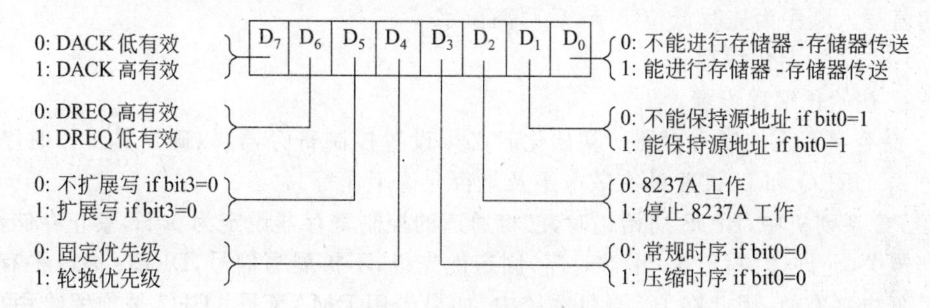

图 6.34 控制寄存器格式

② 方式寄存器。8237A 的每个通道有一个方式寄存器,4 个通道的方式寄存器共用一个端口地址,方式选择命令字的格式,如图 6.35 所示。方式字的最低两位进行通道选择,写入命令字之后,8237A 将根据 D_1、D_0 的编码把方式寄存器的 D_7~D_2 位送到相应通道的方式寄存器中,从而确定该通道的传送方式和数据传送类型。

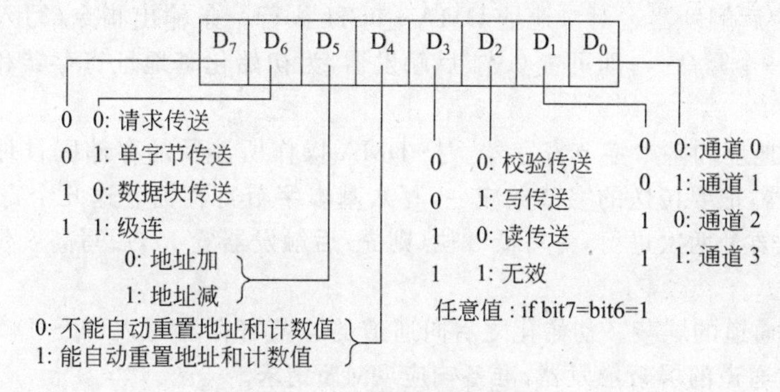

图 6.35 方式选择命令字格式

③ 地址寄存器。每个通道有一个 16 位的“基地址寄存器”。基地址寄存器存放本通道 DMA 传输时所涉及的存储区首地址或末地址。

④ 字节寄存器。每个通道有一个 16 位的“基本字节寄存器”。本字节寄存器存放本通道 DMA 传输时字节数的初值,8237A 规定:初值比实际传输的字节数少 1。

⑤ 状态寄存器。状态寄存器高 4 位表示当前 4 个通道是否有 DMA 请求,低 4 位表示 4 个通道的 DMA 传送是否结束,供 CPU 进行查询。

⑥ 请求寄存器和屏蔽寄存器。请求寄存器和屏蔽寄存器是 4 个通道公用的寄存器,使用时应写入请求命令字和屏蔽命令字,其格式如图 6.36 所示。

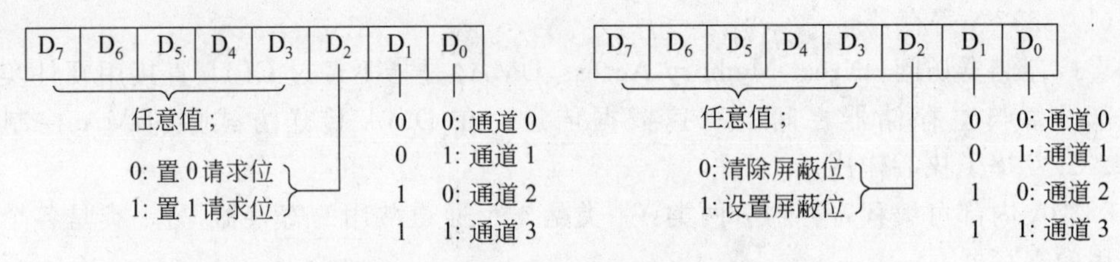

图 6.36 请求命令字和屏蔽命令字格式

⑦ 先/后触发器。设置先/后触发器是为规定初值的写入顺序。将先/后触发器清0,则初值写入顺序为先写低位字节,后写高位字节。

(2) 8237 初始化编程

8237 初始化编程步骤：

① 命令字写入控制寄存器。初始化时必须设置控制寄存器,以确定其工作时序、优先级方式、DREQ 和 DACK 的有效电平及是否允许工作等。

在 PC 系列机中,BIOS 初始化时,已将通道的控制寄存器设定为 00H,禁止存储器到存储器传送,允许读/写传送,正常时序,固定优先级,不扩展写信号,DREQ 高电平有效,DACK 低电平有效,因此在 PC 微机系统中,如果借用 DMA CH_1（CH_1 是预留给用户使用的）进行 DMA 传送,则初始化编程时,不应再向控制寄存器写入新的命令字。

② 屏蔽字写入屏蔽寄存器。某通道正在进行初始化编程时,接收到 DMA 请求,可能未初始化结束 8237A 就开始进行 DMA 传送,导致出错。因此初始化编程时,必须先屏蔽要初始化的通道,初始化结束后,再解除该通道的屏蔽。

③ 方式字写入方式寄存器。为通道规定传送类型及工作方式。

④ 置 0 先/后触发器。对口地址 DMA＋0CH 执行一条输出指令(写入任何数据均可),从而产生一个写命令,即可置 0 先/后触发器,为初始化基地址寄存器和基本字节寄存器作准备。

⑤ 写入基地址和基本字节寄存器。把 DMA 操作所涉及的存储区首址或末址写入基本地址寄存器,把要传送的字节数减一,写入基本字节寄存器。这几个寄存器都是 16 位的,因此写入要分两次进行,先写低 8 位(则先/后触发器置 1),后写高 8 位(则先/后触发器自动置 0)。

⑥ 解除该通道的屏蔽。初始化之后向通道的屏蔽寄存器写入 $D_2 \sim D_0 = 0\times\times$ 的命令字,置 0 相应通道的屏蔽触发器,准备响应 DMA 请求。

⑦ 写入请求寄存器。如果采用软件 DMA 请求,在完成通道初始化之后,在程序的适当位置向请求寄存器写入 $D_2 \sim D_0 = 1\times\times$ 的命令字,即可使相应通道进行 DMA 传送。

2. 实验原理

DMA 实验原理如图 6.37 所示。DMA 控制部分以 8237A(DU_0)为中心,辅以 DU_1 组成。8237 的低 8 位地址线与它的 8 位数据线是复用的,所以需要在外部用一片地址锁存器 74LS373 来保存先送出的低 8 位地址,然后再与后面送出的高 8 位组成 16 位地址信号。DMA 传送是以数据线宽度为 8 的存储器作为主存储器进行设计的,经译码器 GAL16V8B 得到 8237A 的片选地址为 4XX0H～4XXFH。

图 6.37 中的 AT89C2051 的 P_1 口与已通过一片 74HC245(DU_4)和最高位的 8255(即实验机上最右边的那片 8255)的 B 口连接好用来传送数据，另外一片 74HC245(DU_2)

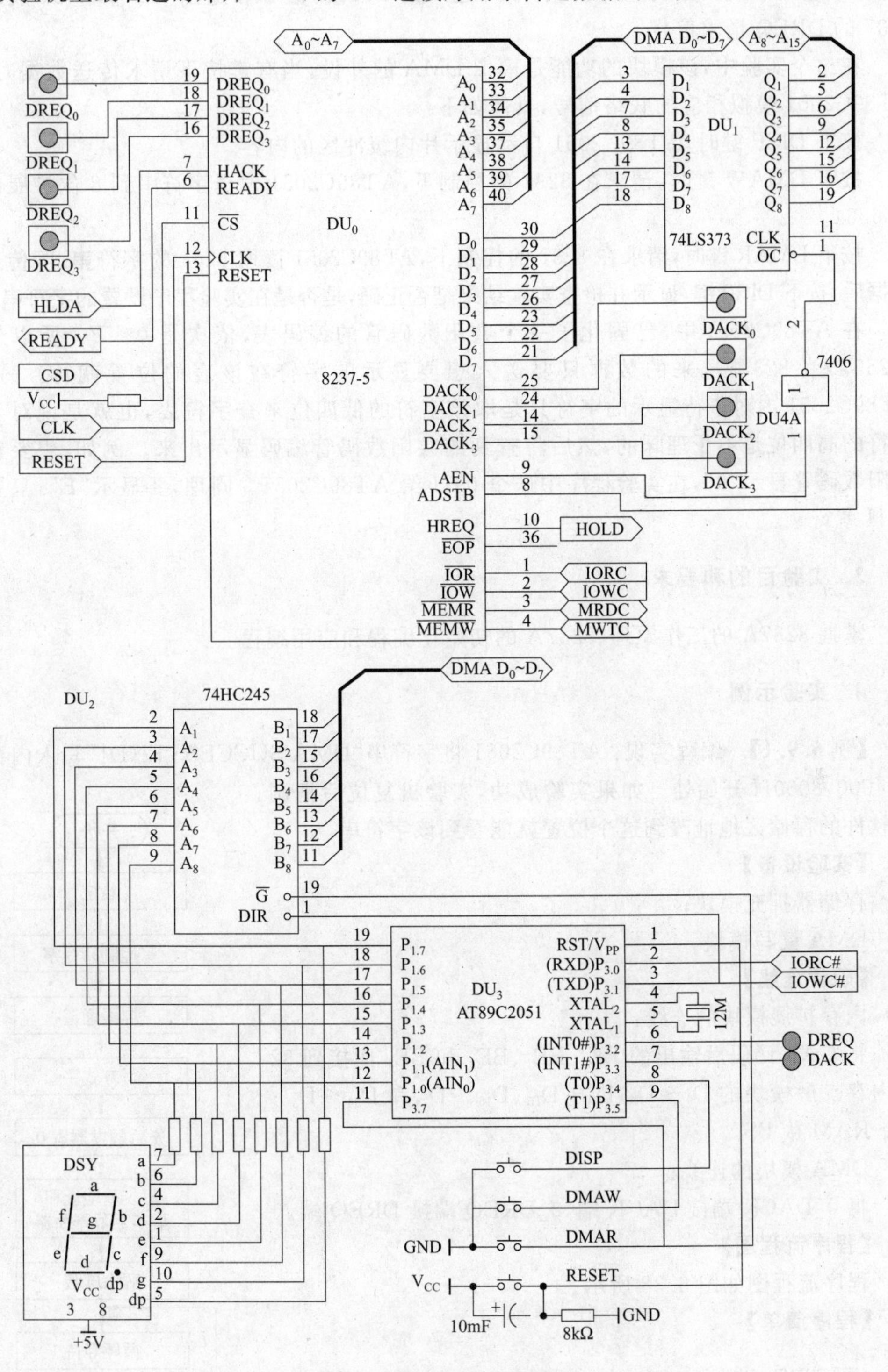

图 6.37 DMA 实验原理图

是连接 AT89C2051 的 P_1 口与 8237 和 6264 的数据线；AT89C2051 的 $P_{3.5}$、$P_{3.7}$ 分别留出接插口，这两个插口分别进行接收 8237 送来的 DACK 信号和送出 AT89C2051 发送给 8237 的 DREQ 请求信号。

在这个实验中，该模块的功能是模拟 DMA 的外设，当有键按下请求传送数据时，由 AT89C2051 模拟相应的联络信号，具体如下：

按下 DISP 键时，AT89C2051 自动显示片内缓冲区的内容。

按下 DMAW 键时，请求在 8237 的控制下，AT89C2051 发送字符串到 8 位扩展的那片 6264。

按下 DMAR 键时，请求在 8237 的控制下，AT89C2051 读取 6264 的字符串；等传送完数据后，按下 DISP 键，显示并检查实验结果是否正确，是否是在实验程序设置的字符串。

在 AT89C2051 中，已固化了一个共阳数码管的编码表，依次是 0～F。所以外部(8255 或者 8237)送来的数据只要送入想要显示的字符在该表的位置就行。另外，AT89C2051 内对于待显示的字符只是取该字符的低四位来查字符表，也就是说对于该字符的高四位是不予理睬的，然后将查到的共阳数码管编码显示出来。例如，想要在该共阳数码管显示"9"，在实验程序中送个 09H 给 AT89C2051。同理，要显示"E"，只要送 0EH 就行。

3. 实验目的和要求

掌握 8237A 的工作原理、8237A 的初始化编程和应用编程。

4. 实验示例

【例 6.9.1】 编程实现：AT89C2051 将字符串"DMA SUCCESS END!"写入内存单元 4000:8000H 开始处。如果实验成功，实验机复位后把调试软件的存储区地址改到这个位置就能看到该字符串。

【实验设备】

存储器扩充模块；

DMA 读写模块。

【硬件连线】

内存扩展模块的连线：

将 GAL 译码后输出的 BE_0、BE_1、BE_2 和 BE_3 连接到 32 位内存扩展模块的 $D_0 \sim D_7$、$D_8 \sim D_{16}$、$D_{15} \sim D_{23}$ 和 $D_{24} \sim D_{31}$；CS_8-RAM 接 BS_8。

DMA 模块的连线：

将 0_DACK 端接 DACK 端，0_DREQ 端接 DREQ 端。

【程序流程图】

程序流程图如图 6.38 所示。

【程序清单】

```
;FILENAME: EXA691.ASM
.486
```

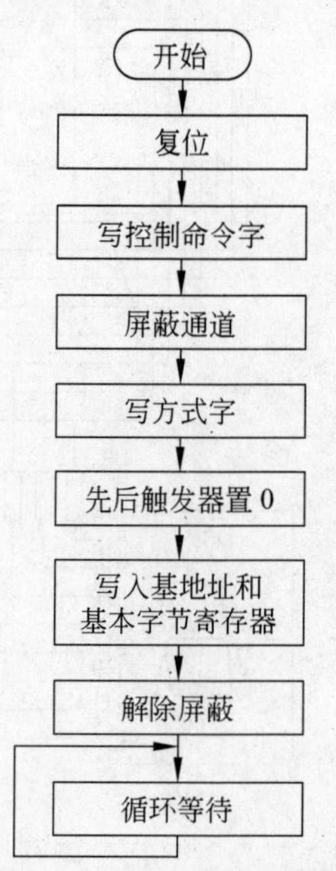

图 6.38　例 6.9.1 程序流程图

```
DATA      SEGMENT AT 4000H USE16
          ORG  8000H
SBUFF DB 16 DUP(?)
RBUFF DB 16 DUP(?)
STACKP    EQU  2000H
BADDR0    EQU  4000H                          ;CH0 基地址寄存器
BADDR1    EQU  4002H                          ;CH1 基地址寄存器
BADDR2    EQU  4004H                          ;CH2 基地址寄存器
BADDR3    EQU  4006H                          ;CH3 基地址寄存器
BSPAC0    EQU  4001H                          ;CH0 基本字节寄存器
BSPAC1    EQU  4003H                          ;CH1 基本字节寄存器
BSPAC2    EQU  4005H                          ;CH2 基本字节寄存器
BSPAC3    EQU  4007H                          ;CH3 基本字节寄存器
COM_R     EQU  4008H                          ;控制寄存器
STATE_R   EQU  4008H                          ;状态寄存器
REQ_R     EQU  4009H                          ;请求寄存器
MASK_R    EQU  400AH                          ;屏蔽寄存器
MODE_R    EQU  400BH                          ;方式寄存器
ORDER_R   EQU  400CH                          ;先/后寄存器
RESET_R   EQU  400DH                          ;复位寄存器
CMASK_R   EQU  400EH                          ;清屏蔽寄存器
MMASK_R   EQU  400FH                          ;多通道屏蔽寄存器
DATA  ENDS
CODE  SEGMENT USE16
      ASSUME  CS:CODE,DS:DATA,SS:DATA
      ORG  1000H
INITI:MOV  AX,DATA
      MOV  ES,AX
      MOV  SP,STACKP
;----------------------------------------------------------------
AA:   MOV  DX,RESET_R
      OUT  DX,AL                              ;复位
      MOV DX,COM_R                            ;写控制寄存器
      MOV AL,00100000B
      OUT DX,AL
      MOV DX,MASK_R
      MOV AL,0FCH
      OUT DX,AL                               ;屏蔽该通道
      MOV DX,MODE_R                           ;写方式寄存器
      MOV AL,01000100B
      OUT DX,AL
      MOV AL,0
      MOV DX,ORDER_R                          ;置 0 先/后触发器
      OUT DX,AL
```

```
        MOV  DX,BADDR0                          ;写 CH0 基地址寄存器的低 8 位
        MOV  AL,0
        OUT  DX,AL
        MOV  AL,80H                             ;写 CH0 基地址寄存器的高 8 位
        OUT  DX,AL
        MOV  DX,BSPAC0                          ;写 CH0 基本字节寄存器的低 8 位
        MOV  AL,15
        OUT  DX,AL
        MOV  AL,00H                             ;写 CH0 基本字节寄存器的高 8 位
        OUT  DX,AL
        MOV  DX,MASK_R
        MOV  AL,0F8H
        OUT  DX,AL                              ;解除该通道的屏蔽
DMA1:   JMP  DMA1
CODE    ENDS
        END  INITI
```

5. 实验项目

【实验 6.9.1】 用 DMA 传送方式实现从存储空间 A 到存储空间 B 之间的数据传送。

【实验设备】

存储器扩充模块；

DMA 读写模块。

【实验要求】

存储空间 A 为 4000H:8000H～4000H:8FFFH，存储空间 B 为 4000H:9000H～4000H:9FFFH。先在存储空间 A 重复设置 00H～0FFH(16 次)，然后进行 DMA 传送。实现 DMA 传送后，如果实验成功，实验机复位后通过上位机软件可看到传送的内容。

【实验 6.9.2】 采用硬件请求、以块为单位的读传送方式实现 DMA 写。

【实验设备】

存储器扩充模块；

DMA 读写模块。

【实验要求】 AT89C2051 读取内存单元 4000:8000H 开始的 16 个字符。如果实验成功，按显示键 K_1 就能在共阳数码管上看到 0～F 这些字符。

6.10 保护模式实验

1. 实验说明

保护模式是 32 位处理器的主要工作模式，存储器采用分段和分页管理机制，不仅为存储器共享和保护提供了硬件支持，而且为实现虚拟存储器提供了硬件支持；保护模式

支持多任务，能够快速地进行任务切换和保护任务环境；提供4个特权级，并配合以完善的特权检查机制，既能实现资源共享，又能保证代码、数据的安全和保密及任务的隔离。

(1) 段描述符

保护模式下，32位处理器首先采用存储器分段管理机制，将虚拟地址转换为线性地址；然后提供可选的存储器分页管理机制，将线性地址转换为物理地址。每个段用一个格式，如图6.39所示的段描述符描述。这些段描述符组成一个段描述符表。有三种类型的描述符表：全局描述符表GDT(Global Descriptor Table)、局部描述符表LDT(Local Descriptor Table)和中断描述符表IDT(Interrupt Descriptor Table)。在整个系统中，全局描述符表GDT和中断描述符表IDT只有一个，而每个任务都有自己的局部描述符表LDT，另外每个任务还有一个任务状态段TSS，用于保存任务的有关信息。

7	0	
段界限(位7~0)		0
段界限(位15~8)		1
段基址(位7~0)		2
段基址(位15~8)		3
段基址(位23~16)		4
段属性		5
段属性	段界限(位19~16)	6
段基址(位31~24)		7

图6.39 存储段描述符的格式

(2) 选择子

在保护方式下，虚拟地址(即逻辑地址)由16位段选择子和32位段内偏移地址两部分组成。与实模式相比，段寄存器中存放的不是段基址，而是段选择子。段选择子的格式如图6.40所示。

图6.40 段选择子格式

Index：描述符索引(Index)。描述符索引是指描述符在描述符表中的顺序号。Index是13位，因此每个描述符表(GDT或LDT)最多有$2^{13}=8192$个描述符。由于每个描述符长8字节，根据选择子的格式，屏蔽选择子低3位后所得的值就是选择子所指定的描述符在描述符表中的偏移。

TI：表指示位(Table Indicator)。TI=0指示从全局描述符表GDT中读取描述符；TI=1指示从局部描述符表LDT中读取描述符。

RPL：请求特权级(Requested Privilege Level)，用于特权检查。

(3) 全局描述符表寄存器GDTR和局部描述符表寄存器LDTR

全局描述符表GDT的存储位置由全局描述符表寄存器GDTR指向。GDTR长48位，其中高32位为基址，低16位为界限。局部描述符表寄存器LDTR并不直接指出

LDT 的存储位置。LDTR 由程序员可见的 16 位寄存器和程序员不可见的 64 位高速缓冲寄存器组成。

由 LDTR 寄存器确定 LDT 位置的过程如图 6.41 所示。实际上,每个任务的局部描述符表 LDT 作为系统的一个特殊段,也由一个描述符描述。而这个 LDT 的描述符存放在 GDT 中。在初始化或任务切换过程中,把对应任务 LDT 的描述符的段选择子装入 LDTR 的 16 位寄存器,处理器根据装入 LDTR 可见部分的段选择子,从 GDT 中取出对应的描述符,并把 LDT 的基地址、段界限和属性等信息保存到 LDTR 的不可见的高速缓冲寄存器中。随后对 LDT 的访问,就可根据保存在高速缓冲寄存器中的有关信息进行。

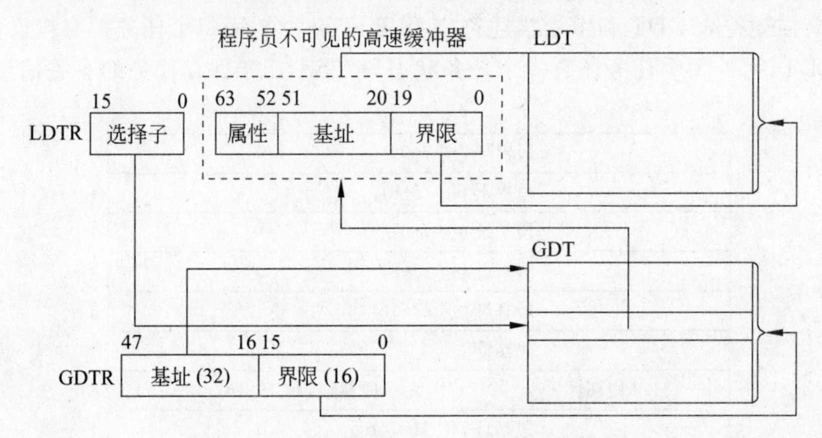

图 6.41　由 LDTR 确定 LDT 存储位置和界限

(4) 保护模式下的中断和异常

80386 及以后的处理器在保护模式下,将外部中断(硬件中断)称为“中断”,而把内部中断称为“异常”。CPU 最多处理 256 种中断或异常,每种中断或异常都分配了一个 0～255 的中断号(又称中断类型码)。CPU 根据中断号从中断描述表 IDT 中取得相应的门描述符,从而获得中断或异常处理程序的入口地址。由于 CPU 最多处理 256 种中断或异常,所以 IDT 最大长度是 2K。中断描述符表寄存器 IDTR 指示 IDT 在内存中的位置。和 GDTR 一样,IDTR 也是 48 位的寄存器,其中高 32 位为基址,低 16 位为界限。

中断描述符表 IDT 所含的描述符只能是中断门、陷阱门和任务门。也就是说,在保护模式下,CPU 只有通过中断门、陷阱门或任务门才能转移到对应的中断或异常处理程序。由于门描述符是 8 个字节长,因此中断或异常产生时,CPU 以中断号乘 8 从 IDT 中取得对应的门描述符,分解出选择子、偏移量和描述符属性类型,并进行有关检查。最后,根据门描述符类型是中断门、陷阱门还是任务门,分情况转入中断或异常处理程序。门描述符的格式及属性格式如图 6.42 所示。

门描述符并不描述某种内存段,而是描述控制转移的入口点。这种描述符好比一个通向另一代码段的门。通过这种门,可实现任务内特权级的变换和任务间的切换。门描述符又可分为:任务门、调用门、中断门和陷阱门。调用门描述某个子程序的入口,通过调用门可实现任务内从低特权级变换到高特权级;任务门指示任务,通过任务门可实现任务间切换;中断门和陷阱门描述中断/异常处理程序的入口点。

7	0	
偏移地址(位 7~0)		0
偏移地址(位 15~8)		1
选择子(位 7~0)		2
选择子(位 15~8)		3
门属性	双字计数	4
门属性		5
偏移地址(位 23~16)		6
偏移地址(位 31~24)		7

图 6.42 门描述符的格式

如果中断号指示的门描述符是 386 中断门或 386 陷阱门,控制转移到当前任务的一个处理程序,并且可以变换特权级。与其他调用门的 CALL 指令一样,从中断门和陷阱门中获取指向处理程序的 48 位全指针。其中,32 位偏移地址送给 EIP,16 位选择子是对应处理程序代码段的选择子,它被送给 CS 寄存器,并根据选择子中的 TI 位是 0 或 1,从全局描述符表 GDT 或局部描述符表 LDT 中取得代码段描述符。这时,代码段描述符中的基地址确定了处理程序的段基址,EIP 确定了处理程序的入口地址,CPU 转向执行处理程序。整个过程如图 6.43 所示。

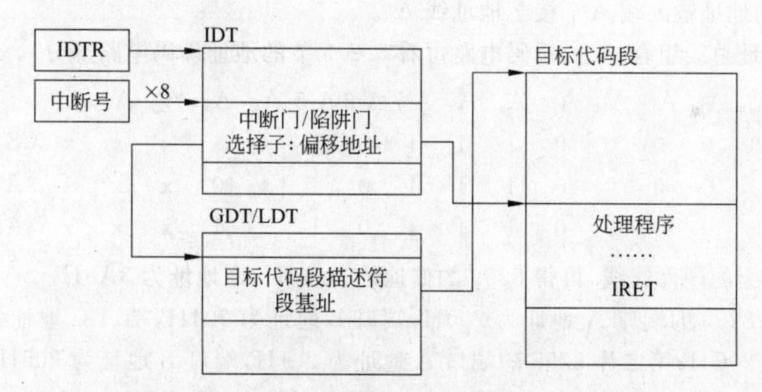

图 6.43 通过中断门或陷阱门的中断/异常处理过程

2. 实验目的和要求

掌握微机系统保护模式下中断程序的设计。

3. 实验示例

【例 6.10.1】 通过 8259 实验模块上的 INTR 按键产生中断请求信号,编写保护模式下中断程序实现:每收到一次中断申请信号,数码管上显示的字符串"-SUCCESS",其颜色发生一次变化。

【实验设备】

8259 中断控制模块;

8255 并行接口模块；

双色数码管显示模块。

【硬件连线】

8259 部分连线：

INTA 接至 INT-A；

SP/1 端接至＋5V；

脉冲信号 KEY-PULSE 接至 IRQ-0；

INT_1 端接至总线的 INTR 端；

地址输出端 CS_6 接至 8259 的片选 CS-1。

8255 部分连线：

地址输出端 CS-1 接至 8255 的 CS-1；

地址输出端 CS-2 接至 8255 的 CS-2；

地址输出端 CS-3 接至 8255 的 CS-3；

地址输出端 CS-4 接至 8255 的 CS-4。

地址译码的连线：

GAL 的地址输入端 A-5 接至地址线 A_5；

GAL 的地址输入端 A-6 接至地址线 A_6；

GAL 的地址输入端 A-7 接至地址线 A_7。

系统地址总线组合如下(译码电路可看 5.2.3 节的地址译码电路部分)。

A_{15}	A_{14}	A_{13}	A_{12}	A_{11}	A_{10}	A_9	A_8	A-7	A-6	A-5	A_4	A_3	A_2	A_1	A_0	
0	0	0	0	0	0	1	1	1	0	1	x	x	x	x	x	$CS_6=0$
0	0	0	0	0	0	1	1	1	0	1	x	0	x	x	x	3A0H
0	0	0	0	0	0	1	1	1	0	1	x	1	x	x	x	3A8H

按照如上的硬件连线，可得 8259 的偶地址为 A0H，奇地址为 3A8H。

第一片 8255 的端口 A 地址为 200H，端口 B 地址为 204H，端口 C 地址为 208H，控制口地址为 20CH；第二片 8255 的端口 A 地址为 201H，端口 B 地址为 205H，端口 C 地址为 209H，控制口地址为 20DH；第三片 8255 的端口 A 地址为 202H，端口 B 地址为 206H，端口 C 地址为 20AH，控制口地址为 20EH；第四片 8255 的端口 A 地址为 203H，端口 B 地址为 207H，端口 C 地址为 20BH，控制口地址为 20FH。

【程序流程图】

程序流程图如图 6.44 所示。

【程序清单】

```
;FILENAME: EXA6101.ASM
.486P
DATA    SEGMENT USE16 AT 0                         ;实方式数据段
        ORG  2000H
GDT     DB  16+32 DUP(?)                           ;GDT表中的前4个描述符被调试程序使用
VGDTR   DW ?                                       ;全局描述符表寄存器 GDTR
```

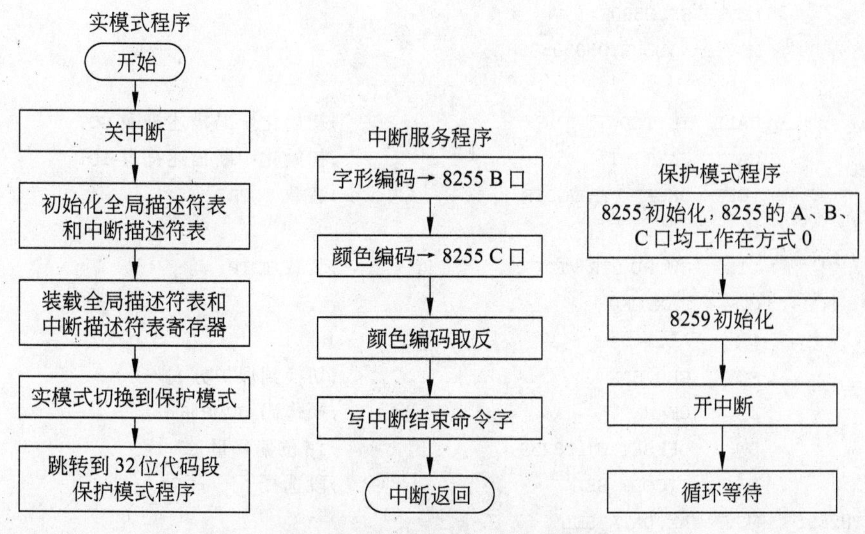

图6.44 例6.10.1程序流程图

```
        DD ?
VIDTR   DW ?                                    ;中断描述符表寄存器 I
        DD ?
COLOUR DD ?                                     ;颜色
        ORG  3000H
IDT     DB  72 DUP(?)
AT386IGATE    EQU    8EH                        ;386中断门类型值
ATCE          EQU    9AH                        ;存在的只执行代码段属性值
ATDW          EQU    92H                        ;存在的可读写段属性值
TICODE_SEL    EQU    20H                        ;代码段选择子
DATA_SEL      EQU    28H                        ;数据段选择子
GDTLEN        EQU    48                         ;全局描述符表长度
IDTLEN        EQU    72                         ;中断描述符表长度
OPORT         EQU    3A0H
JPORT         EQU    3A8H
CC8255        EQU    20CH
A8255         EQU    200H
B8255         EQU    204H
C8255         EQU    208H
DATA          ENDS
CODE          SEGMENT PARA USE16                ;实方式代码段
              ASSUME CS:CODE,DS:DATA
              ORG    1000H
START:        MOV    AX,DATA
              MOV    DS,AX
              MOV    AX,0
              MOV    SS,AX
```

```
          MOV    SP,2500H
          MOV    COLOUR,05050505H
          CLD
          CALL   INITGDT                    ;初始化全局描述符表 GDT
          CALL   INITIDT                    ;初始化中断描述符表 IDT
          LGDT   QWORD PTR VGDTR            ;装载 GDTR
          CLI
          LIDT   QWORD PTR VIDTR            ;装载 IDTR
          MOV    EAX,CR0
          OR     AL,1
          MOV    CR0,EAX                    ;切换到保护方式
          DB     0EAH                       ;操作码 JUMP16
          DW     OFFSET INIT8259            ;16位偏移量
          DW     TICODE_SEL                 ;段选择子
INIT8259: MOV    AX,DATA_SEL
          MOV    DS,AX
          MOV    SS,AX
          MOV    AX,2500H
          MOV    SP,AX
          CALL   I8255
          CALL   I8259
          STI
LL:       NOP                               ;循环等待中断
          JMP    LL
----------------------------------------------------------------
INITGDT   PROC
          MOV    CX,16
          MOV    SI,OFFSET GDT+32
AGA2:     MOV    BYTE PTR [SI],0            ;描述符清零
          INC    SI
          LOOP   AGA2
          MOV    SI,OFFSET GDT+32
INITG:    MOV    AX,CODE                    ;代码段描述符
          MOVZX  EAX,AX
          SHL    EAX,4
          SHLD   EDX,EAX,16
          MOV    WORD PTR [SI+2],AX         ;置段基址
          MOV    BYTE PTR [SI+4],DL
          MOV    BYTE PTR [SI+7],DH
          MOV    DX,7FFFH
          MOV    WORD PTR [SI+0],DX         ;置段界限
          MOV    BYTE PTR [SI+5],ATCE       ;置段属性
          MOV    SI,OFFSET GDT+40
          MOV    AX,DATA                    ;数据段描述符
```

```
          MOVZX EAX,AX
          SHL   EAX,4                              ;SHL 4 BITS
          SHLD  EDX,EAX,16
          MOV   WORD PTR [SI+2],AX                 ;置段基址
          MOV   BYTE PTR [SI+4],DL
          MOV   BYTE PTR [SI+7],DH
          MOV   DX,7FFFH
          MOV   WORD PTR [SI+0],DX                 ;置段界限
          MOV   BYTE PTR [SI+5],ATDW               ;置段属性
          MOV   BX,16
          MOV   AX,DATA
          MUL   BX
          ADD   AX,2000H                           ;为装载 GDTR 作准备
          MOV   WORD PTR VGDTR+0,GDTLEN-1          ;设置 GDT 的 16 位界限
          MOV   WORD PTR VGDTR+2,AX                ;设置 GDT 的基址
          MOV   WORD PTR VGDTR+4,DX
          RET
INITGDT   ENDP
;-------------------------------------------------------------
INITIDT   PROC
          MOV   SI,OFFSET IDT+64                   ;8 号中断
INITATE:  MOV   WORD PTR [SI+0],OFFSET SERVER      ;中断服务程序偏移
          MOV   WORD PTR [SI+2],TICODE_SEL         ;中断服务程序选择子
          MOV   BYTE PTR [SI+4],0
          MOV   BYTE PTR [SI+5],AT386IGATE         ;门属性
          MOV   WORD PTR [SI+6],0
          MOV   BX,16                              ;为装载 IDTR 作准备
          MOV   AX,DATA
          MUL   BX
          ADD   AX,3000H
          MOV   WORD PTR VIDTR+0,IDTLEN-1          ;设置 IDT 的 16 位界限
          MOV   WORD PTR VIDTR+2,AX                ;设置 IDT 的基址
          MOV   WORD PTR VIDTR+4,DX
          RET
INITIDT   ENDP
;-------------------------------------------------------------
SERVER    PROC                                     ;中断服务程序,显示-SUCCESS
          PUSH  EAX                                ;保护现场
          MOV   EAX,92C6C1BFH                      ;显示字符串
          MOV   DX,A8255
          OUT   DX,EAX
          MOV   EAX,9286C692H
          MOV   DX,B8255
          OUT   DX,EAX
```

```
        MOV   EAX,COLOUR                      ;颜色
        MOV   DX,C8255
        OUT   DX,EAX
        NOT   EAX                             ;颜色取反
        MOV   COLOUR,EAX
        MOV   AL,20H                          ;送中断结束命令
        MOV   DX,OPORT
        OUT   DX,AL
        POP   EAX
        IRETD                                 ;中断返回
SERVER  ENDP
I8259   PROC
        MOV   AL,00010011B                    ;ICW1
        MOV   DX,OPORT
        OUT   DX,AL
        MOV   AL,00001000B                    ;ICW2
        MOV   DX,JPORT
        OUT   DX,AL
        MOV   AL,00000001B                    ;ICW4
        MOV   DX,JPORT
        OUT   DX,AL
        MOV   AL,11111110B                    ;屏蔽字
        MOV   DX,JPORT
        OUT   DX,AL
        RET
I8259   ENDP
I8255   PROC
        MOV   EAX,80808080H
        MOV   DX,CC8255
        OUT   DX,EAX
        MOV   EAX,0F0F0F0FH
        MOV   DX,C8255
        OUT   DX,EAX
        RET
I8255   ENDP
CODE    ENDS
        END   START
```

4. 实验项目

【实验 6.10.1】 保护模式中断设计实现：动态显示学号。

【实验设备】

8259A 中断实验模块；

8255 实验模块；

双色数码管显示模块。

【实验要求】

实验采用保护模式中断编程，在数码管上实现字符串的动态显示。每来一次中断，字符串左移一位，循环往复。

【实验 6.10.2】 保护模式中断设计实现：主从中断方式的数码管交替显示。

【实验设备】

8259A 中断实验模块；

8255 实验模块；

双色数码管显示模块。

【实验要求】

中断申请信号接至从 8259A，采用保护模式中断编程，完成两个数码管交替显示，即在第 1 位和第 2 数码位数码管上交替显示“1”和“2”。

6.11 综合性实验

1. 实验说明

通常综合性实验的设计步骤为：

① 决定实现的方案；

② 画出硬件连线图；

③ 画出程序流程图，并编写程序；

④ 连接硬件，并进行软、硬件调试。

2. 实验目的和要求

掌握各接口芯片的功能和应用，能综合运用接口芯片达到实验要求。

3. 实验示例

【例 6.11.1】 设计测试电路，编写测试程序，测试 8254 的工作方式 0～5 的计数过程。

【程序分析】

① 实验电路是 PD-32 实验装置上 8254(或 8253)实验模块、8255 实验模块以及数码管等局部电路的组合。

② 用实验装置上的单脉冲信号作为测试计数器的输入脉冲。用户每按下“单脉冲信号 KEY-PULSE 键”，就输入一个单脉冲信号给测试计数器的 CLK 输入端，使计数器计数一次，随后程序发一个锁存命令，锁存测试计数器的当前计数值，再读出当前计数值送数码管显示。

③ 计数器当前计数值的锁存命令有下面两种。

• 8254 的读出命令控制字格式如表 6.2 所示，该控制字能同时锁存几个计数器的计数值和状态信息,但要注意的是该命令字只限于8254,不适用于8253。

- 8254的锁存命令控制字格式如表6.4所示,该命令字每次只能锁存一个计数器,但8254和8253都可适用。

【实验设备】

8259中断控制模块;

8254(或8253)定时器/计数器模块;

8255并行接口模块;

双色数码管显示模块。

【硬件连线】

设待测试8254计数器为计数器1。

地址译码的连线:GAL的地址输入端A-5接至地址线A_5;

GAL的地址输入端A-6接至地址线A_6;

GAL的地址输入端A-7接至地址线A_7。

8255A的连线:地址输出端CS-1接至8255的CS-1;

地址输出端CS-2接至8255的CS-2;

地址输出端CS-3接至8255的CS-3;

地址输出端CS-4接至8255的CS-4。

8254的连线:地址输出端CS_1接至8254的片选CS;

A_1、A_0分别接至总线的A_3、A_2;

$GATE_1$接至+5V;

单脉冲信号KEY-PULSE接至8254的CLK端(如CLK_1)。

按照如上的硬件连线示例可得:

第一片8255A的A口地址为200H,B口为204H,C口为208H,控制端口为20CH。

第二片8255A的A口地址为201H,B口为205H,C口为209H,控制端口为20DH。

第三片8255A的A口地址为202H,B口为206H,C口为20AH,控制端口为20EH。

第四片8255A的A口地址为203H,B口为207H,C口为20BH,控制端口为20FH。

8254计数器0的地址为300H,计数器1的地址为304H,计数器2的地址为308H,控制端口为30CH。

【程序流程图】

程序流程图如图6.45所示。

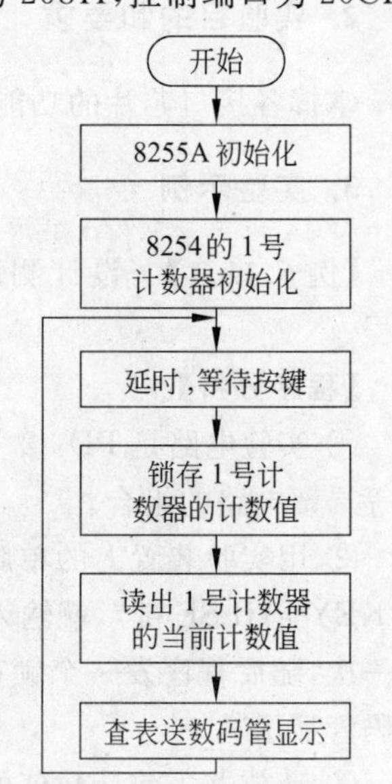

图6.45 例6.11.1程序流程图

【程序清单】

```
;FILENAME: EXA6111.ASM
.486
CODE   SEGMENT USE16
       ASSUME  CS:CODE
```

```
        ORG     1000H
BEG:    JMP     START
TAB1    DB      0C0H,0F9H,0A4H,0B0H,99H,92H,82H,0F8H,90H
START:MOV       DX,20CH
        MOV     EAX,80808080H
        OUT     DX,EAX                          ;8255初始化
        MOV     DX,200H
        MOV     EAX,0C0C0C0C0H
        OUT     DX,EAX
        MOV     DX,204H
        OUT     DX,EAX
        MOV     DX,208H
        MOV     EAX,05050505H
        OUT     DX,EAX
        MOV     DX,30CH                         ;数码管显示初始值 0
        MOV     AL,01010110B
        OUT     DX,AL
        MOV     DX,304H
        MOV     AL,9
        OUT     DX,AL                           ;8254初始化
LOP3:   MOV     ECX,100000
LOP1:   DEC     ECX
        JNZ     LOP1                            ;延时
        MOV     DX,30CH
        MOV     AL,01000000B
        OUT     DX,AL                           ;锁存 8254
        MOV     DX,304H
        IN      AL,DX                           ;读当前计数值
        MOVZX   BX,AL
        MOV     SI,OFFSET TAB1
        MOV     AL,[BX+SI]                      ;查表
        MOV     DX,200H
        OUT     DX,AL
        MOV     DX,208H
        MOV     AL,0AH
        OUT     DX,AL                           ;数码管显示计数值
        JMP     LOP3
WT:     NOP
        JMP     WT
CODE    ENDS
        END     BEG
```

4. 实验项目

【**实验 6.11.1**】 中断方式采样 A/D 转换数据。

【实验设备】

A/D、D/A 转换模块；

8259 中断控制模块；

8255 并行接口模块；

双色数码管显示模块。

【实验要求】

从 ADC0809 的任意通道，以中断方式采集数据，并在数码管上显示 A/D 转换数据。

【实验 6.11.2】 霓虹灯模拟显示。

【实验设备】

8254(或 8253)定时/计数模块；

8259 中断控制模块。

【实验要求】

利用 8254(或 8253)的一个计数器产生约 0.5s 的定时中断信号，在中断时改变 8254(或 8253)中的两个计数器的输出频率，并把两个计数器的输出分别接发光二极管的控制端，观察发光二极管的亮度变化。不断调试两个计数器的计数值，使发光二极管呈有规律的亮度变化。

【实验 6.11.3】 温度闭环控制实验。

【实验设备】

A/D、D/A 转换模块；

8255 并行接口模块；

双色数码管显示模块。

【实验要求】

通过 ADC0809 的 IN_0 设置一个温度值，IN_1 作为实际温度值的输入端，通过比较这两个通道的值，从而控制 8255 的输出，并把设置值与实际值在双色数码管上显示出来。

参考文献

[1] 孙力娟，李爱群，仇玉章，等．微型计算机原理与接口技术．北京：清华大学出版社，2007.

[2] 周明德．微型计算机系统原理及应用．5 版．北京：清华大学出版社，2007.

[3] 戴梅萼．微型计算机技术及应用．4 版．北京：清华大学出版社，2008.

[4] 张福炎，等．微型计算机 IBM PC 的原理与应用(续二)：图形显示器及其程序设计．南京：南京大学出版社，1990.

[5] 沈美明，温冬婵．IBM-PC 汇编语言程序设计．2 版．北京：清华大学出版社，2001.

[6] 蔡启先，王智文，黄晓璐．汇编语言程序设计实验指导．北京：清华大学出版社，2008.

[7] Kip R Irvine. Intel 汇编语言程序设计．温玉杰，梅广宇，罗云彬，等译．北京：电子工业出版社，2007.

[8] 刘均，周苏，金海溶，等．汇编语言程序设计实验教程．北京：科学出版社，2006.

[9] 秦莲，殷肖川，姬伟锋，等．汇编语言程序设计实训教程．北京：清华大学出版社，2005.

[10] 罗云彬．Windows 环境下 32 位汇编语言程序设计．2 版．北京：电子工业出版社，2006.

[11] 仇玉章，冯一兵．微型计算机技术实验与辅导教程．北京：清华大学出版社，2003.

[12] Barry B Brey. Intel 系列微处理器体系结构、编程与接口．陈谊，等译．北京：机械工业出版社，2005.

高等院校信息技术规划教材

系 列 书 目

书 名	书 号	作 者
数字电路逻辑设计	978-7-302-12235-7	朱正伟 等
计算机网络基础	978-7-302-12236-4	符彦惟 等
微机接口与应用	978-7-302-12234-0	王正洪 等
XML 应用教程(第 2 版)	978-7-302-14886-9	吴 洁
算法与数据结构	978-7-302-11865-7	宁正元 等
算法与数据结构习题精解和实验指导	978-7-302-14803-6	宁正元 等
工业组态软件实用技术	978-7-302-11500-7	龚运新 等
MATLAB 语言及其在电子信息工程中的应用	978-7-302-10347-9	王洪元
微型计算机组装与系统维护	978-7-302-09826-3	厉荣卫 等
嵌入式系统设计原理及应用	978-7-302-09638-2	符意德
C++ 语言程序设计	978-7-302-09636-8	袁启昌 等
计算机信息技术教程	978-7-302-09961-1	唐 全 等
计算机信息技术实验教程	978-7-302-12416-0	唐 全 等
Visual Basic 程序设计	978-7-302-13602-6	白康生 等
单片机 C 语言开发技术	978-7-302-13508-1	龚运新
ATMEL 新型 AT89S52 系列单片机及其应用	978-7-302-09460-8	孙育才
计算机信息技术基础	978-7-302-10761-3	沈孟涛
计算机信息技术基础实验	978-7-302-13889-1	沈孟涛 著
C 语言程序设计	978-7-302-11103-0	徐连信
C 语言程序设计习题解答与实验指导	978-7-302-11102-3	徐连信 等
计算机组成原理实用教程	978-7-302-13509-8	王万生
微机原理与汇编语言实用教程	978-7-302-13417-6	方立友
微机组装与维护用教程	978-7-302-13550-0	徐世宏
计算机网络技术及应用	978-7-302-14612-4	沈鑫剡 等
微型计算机原理与接口技术	978-7-302-14195-2	孙力娟 等
基于 MATLAB 的计算机图形与动画技术	978-7-302-14954-5	于万波
基于 MATLAB 的信号与系统实验指导	978-7-302-15251-4	甘俊英 等
信号与系统学习指导和习题解析	978-7-302-15191-3	甘俊英 等
计算机与网络安全实用技术	978-7-302-15174-6	杨云江 等
Visual Basic 程序设计学习和实验指导	978-7-302-15948-3	白康生 等
Photoshop 图像处理实用教程	978-7-302-15762-5	袁启昌 等
数据库与 SQL Server 2005 教程	978-7-302-15841-7	钱雪忠 著

计算机网络实用教程	978-7-302-16212-4	陈　康　等
多媒体技术与应用教程	978-7-302-17956-6	雷运发　等
数据结构	978-7-302-16849-2	闫玉宝　等著
信息系统分析与设计	978-7-302-16901-7	杜娟、赵春艳、白宏伟等　著
微机接口技术实用教程	978-7-302-16905-5	任向民　著
基于 Matlab 的图像处理	978-7-302-16906-2	于万波　著
C 语言程序设计	978-7-302-16938-3	马秀丽　等
SAS 数据挖掘与分析	978-7-302-16920-8	阮桂海　等
C 语言程序设计	978-7-302-17781-4	向　艳　等
工程背景下的单片机原理及系统设计	978-7-302-16990-1	刘焕成　著
多媒体技术实用教程	978-7-302-17069-3	吴　青　著
Web 应用开发技术	978-7-302-17671-8	高　屹　等
C 语言程序设计	978-7-302-17781-4	向　艳　等
ASP.NET 实用教程	978-7-302-16338-1	康春颖、张　伟、王磊等　著
Visual FoxPro 9.0 程序设计	978-7-302-17858-3	张翼英　等
Visual Basic 在自动控制中的编程技术	978-7-302-17941-2	龚运新　等
计算机网络安全实用技术	978-7-302-17966-5	符彦惟　等
Visual FoxPro 程序设计基础教程	978-7-302-18201-6	薛　磊　等
数据结构与算法	978-7-302-18384-6	赵玉兰　等